船舶减振降噪概论

程 果 佘文晶 著

国防工业出版社

·北京·

内 容 简 介

本书以船舶减振降噪发展历程及技术门类为主线,系统、全面地阐述了船舶减振降噪方面的基本概念、基础理论及工程应用。

本书共11章,主要内容包括:船舶减振降噪技术沿革,基本概念,机械噪声源及其治理,第一、二、三声通道控制技术,桨轴噪声控制技术,水动力噪声控制技术,声呐平台自噪声与声目标强度控制技术,动态声学特征管理技术,声学设计、建造与测试。

本书可作为高等院校船舶与海洋工程、轮机工程、机械工程等专业的本科生教材,也可供有关专业的科研及工程技术人员参考。

图书在版编目(CIP)数据

船舶减振降噪概论/程果,余文晶著. —北京:
国防工业出版社,2024.9.—ISBN 978-7-118-13325-7

Ⅰ. U661.44

中国国家版本馆 CIP 数据核字第 2024Q1A192 号

※

国防工业出版社出版发行

(北京市海淀区紫竹院南路23号 邮政编码100048)
北京凌奇印刷有限责任公司印刷
新华书店经售

*

开本 787×1092 1/16 印张 11¾ 字数 261 千字
2024 年 9 月第 1 版第 1 次印刷 印数 1—1200 册 定价 58.00 元

(本书如有印装错误,我社负责调换)

国防书店:(010)88540777   书店传真:(010)88540776
发行业务:(010)88540717   发行传真:(010)88540762

FOREWORD 前言

安静化是未来船舶技术发展的重要方向之一,尤其是在军事领域,潜艇等特殊舰船的安静性是确保其生存的关键。关于船舶振动噪声的教材与专著很多,但多数采用了较大篇幅阐述振动、噪声的基础理论,专门以船舶减振降噪发展历程及技术门类为主线的著作并不多见。作者长期从事船舶减振降噪方面的教学和科研工作,在技术应用、实船测试、操纵管理等方面具有一定的经验积累。为了更好地服务船舶减振降噪技术教学工作,作者结合自身研究成果和国内外技术发展现状编著本书。

全书共 11 章。第 1 章介绍船舶减振降噪技术发展的历史沿革;第 2 章阐述减振降噪技术涉及的主要振动和声学基础知识;第 3 章至第 6 章均介绍机械噪声及其控制技术,其中,第 3 章介绍机械噪声源及其控制技术,第 4 章阐述减隔振的基本原理,第 5 章介绍减隔振的常用技术,第 6 章介绍管路、空气等非支撑路径的振动、噪声传递抑制技术;第 7 章介绍推进器、推进轴系的振动噪声控制;第 8 章介绍水动力噪声的影响和治理;第 9 章介绍声呐平台的噪声治理和船舶声目标强度的控制技术;第 10 章介绍船舶航行、使用过程中的噪声管理技术;第 11 章简单介绍船舶声学设计方法、低噪声建造工艺和噪声测试技术。

在本书编写过程中,张亚伦、章文文、周鑫、黄程等研究生阅读了书稿的部分章节,提出了许多宝贵意见,在此一并表示衷心的感谢!

虽然我们竭尽所能地编撰本书,希望描绘一套尽善尽美的船舶减振降噪技术知识体系,但由于水平有限,书中遗漏和错误之处在所难免,敬请读者批评指正。

作者
2024 年 4 月于武汉

目录 CONTENTS

第1章

船舶减振降噪技术沿革 ·········· 001
  1.1 从达·芬奇到韦迪根 ·········· 001
  1.2 于无声处听惊雷 ·········· 004
  1.3 道高一尺魔高一丈 ·········· 006
  1.4 从军到民的降噪未来 ·········· 008
  习 题 ·········· 009
  参考文献 ·········· 009

第2章

基本概念 ·········· 010
  2.1 振动、辐射噪声与自噪声 ·········· 010
  2.2 声学基本量、分贝与频率 ·········· 010
    2.2.1 声学基本量 ·········· 010
    2.2.2 分贝 ·········· 011
    2.2.3 频率 ·········· 012
  2.3 全频带、宽带、窄带与线谱噪声 ·········· 013
    2.3.1 全频带、宽带、窄带与线谱 ·········· 013
    2.3.2 总级、频带级与频谱级 ·········· 014
  2.4 稳态噪声、瞬态噪声与偶发噪声 ·········· 015
    2.4.1 稳态噪声 ·········· 015
    2.4.2 瞬态噪声 ·········· 016
    2.4.3 偶发噪声 ·········· 017
  2.5 船舶噪声模型 ·········· 017
    2.5.1 频谱模型 ·········· 017

  2.5.2 空间模型 ·········· 018
 2.6 三大噪声源 ·········· 019
 习 题 ·········· 020
 参考文献 ·········· 020

第 3 章

机械噪声源及其治理 ·········· 021

 3.1 机械噪声的概念 ·········· 021
 3.2 机械噪声机理及特性 ·········· 021
  3.2.1 旋转不平衡 ·········· 021
  3.2.2 碰撞拍击 ·········· 022
  3.2.3 往复部件 ·········· 024
  3.2.4 湍流空化 ·········· 024
  3.2.5 轴承摩擦 ·········· 025
  3.2.6 电磁噪声 ·········· 026
 3.3 低噪声设备 ·········· 028
  3.3.1 设备降噪的一般思路 ·········· 028
  3.3.2 低噪声设备案例 ·········· 029
 3.4 小知识：核潜艇之父 ·········· 033
 3.5 三类声通道 ·········· 035
 习 题 ·········· 035
 参考文献 ·········· 035

第 4 章

第一声通道控制技术（上） ·········· 037

 4.1 单自由度振动 ·········· 037
  4.1.1 单自由度线性系统 ·········· 037
  4.1.2 共振 ·········· 038
 4.2 减隔振的概念 ·········· 042
  4.2.1 单层隔振 ·········· 042
  4.2.2 减隔振的分类 ·········· 044
 4.3 减隔振的评价指标 ·········· 044
  4.3.1 力传递率 ·········· 045
  4.3.2 插入损失 ·········· 046
  4.3.3 振级落差 ·········· 046
  4.3.4 功率流 ·········· 047

  4.4 双自由度振动与双层隔振 ································· 047
    4.4.1 双自由度线性系统 ································· 047
    4.4.2 模态 ································· 051
    4.4.3 双层隔振 ································· 052
  习　题 ································· 054
  参考文献 ································· 054

第5章
第一声通道控制技术（下） ································· 055

  5.1 减隔振元器件 ································· 055
    5.1.1 隔振器基本功能 ································· 055
    5.1.2 隔振器主要性能参数 ································· 057
    5.1.3 船舶隔振器选用原则 ································· 059
    5.1.4 典型的隔振元器件 ································· 059
  5.2 小知识：主被动混合减振装置 ································· 063
  5.3 小知识：浮筏隔振装置 ································· 064
  5.4 小知识：大载荷智能气囊隔振系统 ································· 066
  5.5 小知识：推进动力系统低频隔振技术 ································· 068
  5.6 基座减振 ································· 070
  习　题 ································· 071
  参考文献 ································· 071

第6章
第二、三声通道控制技术 ································· 072

  6.1 第二、三声通道传递形式 ································· 072
    6.1.1 第二声通道传递形式 ································· 072
    6.1.2 第三声通道传递形式 ································· 072
  6.2 抗性消声理论 ································· 073
    6.2.1 管路声学基础 ································· 073
    6.2.2 扩张管消声 ································· 075
    6.2.3 旁支管消声 ································· 076
  6.3 阻性消声理论 ································· 078
    6.3.1 声波的吸收 ································· 078
    6.3.2 声压计权 ································· 079
  6.4 第二、三声通道控制技术 ································· 080
    6.4.1 第二声通道减振 ································· 080

	6.4.2 第二、三声通道消声	083
6.5	小知识:挠性接管	089
习　题		090
参考文献		090

第 7 章

桨轴噪声控制技术 ··· 092

7.1	桨轴系统概述	092
7.2	螺旋桨噪声及控制方法	092
	7.2.1 螺旋桨噪声分类	092
	7.2.2 螺旋桨噪声控制方法	094
7.3	小知识:东芝事件	097
7.4	轴系噪声及控制方法	098
	7.4.1 轴系噪声分类	099
	7.4.2 轴承摩擦控制	102
	7.4.3 轴系减振	104
7.5	小知识:水润滑轴承	105
习　题		106
参考文献		106

第 8 章

水动力噪声控制技术 ··· 108

8.1	水动力噪声的机理	108
8.2	典型的水动力噪声	110
	8.2.1 直接辐射噪声	110
	8.2.2 二次辐射噪声	111
	8.2.3 流激空腔噪声	112
8.3	水动力噪声测量技术	113
8.4	水动力噪声控制技术	115
	8.4.1 船体线型优化设计	115
	8.4.2 附体结构优化设计	116
	8.4.3 空腔噪声控制	120
	8.4.4 水声材料技术	123
习　题		125
参考文献		126

第 9 章

声呐平台自噪声与声目标强度控制技术 ········· 127

- 9.1 声呐和声呐方程 ········· 127
  - 9.1.1 被动声呐方程 ········· 127
  - 9.1.2 主动声呐方程 ········· 130
- 9.2 声呐平台自噪声 ········· 131
  - 9.2.1 声呐平台自噪声的概念 ········· 131
  - 9.2.2 声呐平台自噪声的控制方法 ········· 132
- 9.3 小知识:海底基阵 ········· 133
- 9.4 声目标强度 ········· 136
  - 9.4.1 声目标强度的概念 ········· 136
  - 9.4.2 声目标强度的控制方法 ········· 138
- 习 题 ········· 140
- 参考文献 ········· 141

第 10 章

动态声学特征管理技术 ········· 142

- 10.1 动态安静性能 ········· 142
- 10.2 船舶声学故障 ········· 143
- 10.3 小知识:舰船噪声监测系统 ········· 146
- 10.4 船舶动态声学特征管理 ········· 147
  - 10.4.1 螺旋桨空化噪声监测 ········· 148
  - 10.4.2 声学故障诊断 ········· 149
  - 10.4.3 辐射噪声实时评估 ········· 153
- 10.5 小知识:联合舰队维护手册 ········· 155
- 10.6 小知识:美国海军卡德洛克分部介绍 ········· 156
- 习 题 ········· 157
- 参考文献 ········· 157

第 11 章

声学设计、建造与测试 ········· 159

- 11.1 船舶声学设计方法 ········· 159
  - 11.1.1 减振降噪措施选用 ········· 160
  - 11.1.2 舱室布置 ········· 164
  - 11.1.3 船体基座优化 ········· 165
- 11.2 船舶声学质量管理 ········· 166

11.2.1 优化组织模式 …………………………………………………… 167
 11.2.2 施工工艺创新 …………………………………………………… 168
 11.2.3 加强全程监管 …………………………………………………… 170
11.3 船舶声学测试技术 ………………………………………………………… 171
 11.3.1 测试项目 ………………………………………………………… 171
 11.3.2 测试要求 ………………………………………………………… 172
 11.3.3 测试设备 ………………………………………………………… 173
 11.3.4 测试场 …………………………………………………………… 174
习 题 …………………………………………………………………………… 176
参考文献 ………………………………………………………………………… 176

第1章 船舶减振降噪技术沿革

安静化是未来船舶技术发展的重要方向之一。在民用领域,嘈杂的舱室噪声威胁着船员的健康,强烈的机械振动缩短了船上设备的使用寿命,过高的水下噪声影响了海洋生态、降低了渔船捕获量;而在军用领域,声学隐蔽性更是被称为海军舰船,尤其是潜艇的"生命线"。船舶减振降噪技术,也是首先围绕潜艇的需求逐步发展的。

1.1 从达·芬奇到韦迪根

虽然流传着亚历山大大帝乘坐潜水钟看见海怪的故事,但一般认为,最早的潜艇构想,应当追溯到文艺复兴时期著名画家和科学家:列昂纳多·达·芬奇(Leonardo da Vinci)。据说他曾构思"可以在水下航行的船",但达·芬奇认为"人类邪恶的本性,会使之在海底发动暗杀",所以他没有画出设计图。

史上有记录的第一艘潜艇诞生于1620年。旅居伦敦的荷兰物理学家克尼里斯·德雷布尔(Cornelis Drebbel)在英国建成一艘采用铁框木架外包牛皮的潜艇,被称为"隐蔽的鳗鱼",并在泰晤士河试航。艇内装有很多羊皮囊,只要艇员们小心翼翼地打开羊皮囊让海水流入,艇身便可下潜;一旦挤出羊皮囊内的海水,艇身就可以上浮出水面。这种羊皮囊的作用原理,就像是鱼腹里的鱼鳔。物理学家、化学家、发明家罗伯特·波义耳(Robert Boyle)在书中证实了这件事。这条能在4.5m水深下作潜行的"鳗鱼",其意义就在于证明了人类进行水下航行的可能性[1]。同样需要指出的是,这次试验没有留下任何画像资料,人们对于这艘"鳗鱼"的外形,很大程度上也只能依靠猜测。

史上第一艘用于军事的潜艇出现在美国独立战争时期。美国工程师大卫·布什奈尔(David Bushnell)建成潜艇"海龟"号。该艇单人操纵,可以通过脚踏阀门向水舱注水,并利用两个手摇曲柄螺旋桨推进和升降[1]。据说,该艇航速可达3kn,潜深可达6m,并能够在水下停留约30min。潜艇的攻击方式是悬挂在外部的炸药包,通过定时引信引爆。1776年9月6日晚,美军志愿者中士埃兹拉·李(Ezra Lee)驾驶"海龟"号潜艇驶向停泊在港口中的英军战舰"鹰"号。虽然"海龟"号成功接近了目标,却未能钻透"鹰"号的船身,炸药无法在目标上固定。李尝试更换炸药的固定位置,但最终没有成功。1h 以后,尽管没能击中目标,定时引信还是引爆了炸药。这次爆炸最终迫使英军加强警戒,把战舰停泊在远离港口的地方。尽管"海龟"号的复制品目前正在美国的几家博物馆展出,英国戈斯波特的皇家海军潜艇博物馆也在展出,但是英国皇家海军在独立战争期间的记录或报告中从未提及此事。毕竟,"海龟"号的攻击更像是传说,而不是历史事件(图1-1)。

图1-1 "海龟"号潜艇

潜艇史上第一次成功炸沉敌舰,发生于美国南北战争时期。工程师何瑞斯·劳升·亨利(Horace Lawson Hunley)建成"亨利"号潜艇,该艇为8人操纵,通过手摇柄螺旋桨驱动,攻击也是通过悬挂在外的炸药包,但采用了长杆连接,碰触敌舰即爆炸。1864年2月17日晚上8—9时,在中尉乔治·狄克逊(George Dixon)的指挥下,"亨利"号潜艇秘密潜入北方海军基地——查尔斯顿港,逼近北军的"豪萨托尼克"号战舰[1]。尽管"豪萨托尼克"号的瞭望手在"亨利"号浮出水面时就已经拉响了警报,但已经来不及了。仅2min后,"亨利"号头部重达90lb① 的"长杆鱼雷"猛烈地撞击了"豪萨托尼克"号右舷的水下部位[2]。"豪萨托尼克"号随即沉没。遗憾的是,这次攻击过后,"亨利"号也随之沉没了。可能的原因有很多,包括潜艇被"豪萨托尼克"号击中,导致海水进入;船员吸光了艇内氧气,在成功到达岸边之前就已窒息而死;或是"豪萨托尼克"号舷侧的大洞,产生了巨大的漩涡,而"亨利"号攻击距离又太近,被水流吸附无法逃脱,等等。总之,最后"亨利"号也成为了它猎物的殉葬品。

---

① 1lb = 0.454kg。

除了美国,英、法等国也在研制自己的潜艇。

1879年,英国牧师乔治·加勒特(George W. Garrett)设计建造了蒸汽动力潜艇"复活"号。该艇长15m,中间为圆柱形,两端为圆锥形。在水面航行时,采用蒸汽机推进;转入水下航行时,利用锅炉中保存的水蒸气,可以继续驱动蒸汽机推动潜艇前进几千米的距离。

1898年,法国设计师马克西姆·劳伯夫(Maxime Laubeuf)设计建造了第一艘双壳体潜艇:"独角鲸"号(美国、俄国、法国后来设计建造的潜艇,很多都冠以"独角鲸"级的名字,但是这里的"独角鲸"号没有姐妹艇,当时只建造了这一艘双壳体潜艇)。该艇首次将压载水舱布置在耐压体和非耐压体之间[1]。

在潜艇的早期历史中,有两个人不能不提。一位是法国著名科幻作家儒勒·凡尔纳(Jules Gabriel Verne)。1869年3月—1870年6月,凡尔纳创作了长篇小说《海底两万里》。书中的"鹦鹉螺"号潜艇,被称为"现代工业的杰作"。这篇小说产生了深远的影响,世界上第一艘核潜艇,也被命名为"鹦鹉螺"号。

另一位则是"现代潜艇之父"约翰·霍兰(John P. Holland)。霍兰一生设计建造了多艘潜艇。在英国潜艇专家罗伊·伯切尔(Roy Burcher)和路易斯·赖迪尔(Louis J. Rydill)合著的《潜艇设计基本原则》(*Concepts in Submarine Design*)一书中,把现代潜艇技术的发展划分为五个里程碑。其中,第一个里程碑就是"霍兰"号潜艇。"霍兰"号潜艇的诞生颇为曲折。但正如潜艇历史学家、船舶设计师加里·麦丘所言,这艘潜艇是"潜艇设计上的一项重大突破。现代潜艇的所有主要部分,破天荒地在单艘潜艇上得到了集中展现"。该艇首次采用双推进系统,即在水面航行时,以汽油发动机为动力,在水下潜航时,则以电动机为动力。霍兰的潜艇设计很快就成为各国争相仿造的模板,包括之后在第一次世界大战中立下赫赫战功的德国U型潜艇。1900年4月,美国购入SS-1"霍兰"号潜艇,组建了世界上第一支潜艇部队[1]。

虽然在20世纪初,潜艇就已经列装各强国海军,但其到底能不能产生人们所期待的军事效益,还是个未知数。它需要一次证明自己的机会。

这次机会很快就到来了,1914年,第一次世界大战爆发。第一次世界大战前,英国、德国都拥有大量的潜艇。但是,英国海军更加信赖其占据优势的水面舰艇,对潜艇战术战法的理解还比较粗浅,对潜艇的军事作用还局限在侦察等层面,没有给予足够的重视,导致英国潜艇都相对老旧。而德国不同,由于德国的水面舰艇无法突破英国的封锁,只能依靠潜艇对英国进行有效的反击。

事实证明,潜艇可以取得近乎奇迹般的战果。U-9潜艇的战绩就是一例,至今被人津津乐道。

交战的一方是英国的三艘"克雷西"级装甲巡洋舰:"阿布基尔""胡格"和"克雷西"号。交战的另一方是德国的U-9潜艇。U-9潜艇由于暴风雨的肆虐,被迫潜坐海底。当天气稍好上浮充电时,正好发现了英国的三艘巡洋舰。

9月22日,U-9指挥塔上的瞭望员向艇长奥托·韦迪根(Otto Eduard Weddigen)报告了敌舰的踪迹。艇长没有犹豫,在无人发现的情况下,完成了跟踪、瞄准和发射。随着一声巨响,"阿布基尔"号舰体被炸开一道口子,仅20min,便沉没了。其余两舰并不知道"阿布基尔"号发生了什么,只是赶忙放下救生艇抢救幸存者。

成功地偷袭了"阿布基尔"号后，U-9浮出水面进行观察，看见"胡格"和"克雷西"号正在救援船员，并没有发现自己。于是，U-9又向静止的"胡格"号发射了两枚鱼雷。此时，U-9与两艘英国巡洋舰之间只有270m的距离。

鱼雷发射后，U-9露出了马脚。由于鱼雷发射后U-9艇首重量减轻，艇体的一部分露出了水面，被"胡格"号发现。不过为时已晚。两枚鱼雷毫无悬念地命中了"胡格"号。仅5min后，"胡格"号舰长威尔莫特·尼科尔森（Wilmot Nicholson）便无奈地下令弃船逃生。10min后，"胡格"号倾覆。

"克雷西"号明白，静止的"胡格"号不可能触雷，刚刚的爆炸一定来源于潜艇的水下攻击。于是，"克雷西"号拉响了战斗警报。两舷的鱼雷防御炮组开始发炮，并以"之"字形走位全速推进。可惜的是，它也没有能够及时发现U-9的踪迹。与"胡格"号一样，两枚鱼雷将它送到了海底。

战斗结束后，尽管U-9几乎耗尽了全部电量，仍然在逃离战场后，依靠潜航，躲过了闻讯而来的敌方舰船的搜索，并于次日返回德国的母港。这场战斗仅耗时1h，英国损失了3艘巡洋舰，共有1459名官兵葬身海底，获救仅837人，而德国没有任何损失。

这场完美的战斗让韦迪根上尉获得了一级铁十字勋章，也向世人证明：潜艇不仅是破坏海上航路的利器，更是摧毁大型水面战舰的撒手锏。战争中，德国损失了178艘潜艇，在战争结束时，仍有226艘U型潜艇在建。不过，U型潜艇总共击沉了超过5282艘舰船，总吨位超过1228kt。

或许400多年前的达·芬奇，也想不到他那"水下船"的构思可以在战场上发挥如此大的作用。

1.2 于无声处听惊雷

潜艇的亮眼表现即赢得了世界各国海军的重视，也引发了他们的恐惧。第一次世界大战结束后，深受潜艇战之苦的英国，要求世界各国相互约定，限制潜艇的研发和建造。讽刺的是，英国自身则加大了潜艇项目的投入。

头脑清醒的各国领导人都明白，没有实力做后盾的条约和废纸没有区别。第一次世界大战后的各国纷纷开始了反潜技术的研究。潜艇的防护、武备和机动性都不如水面舰船，其之所以能够屡屡得手，以小博大，关键在于其隐蔽性。如果想要反制潜艇，必须掌握一种技术，至少能够在潜艇攻击距离以外破除其隐蔽优势，提前发现、定位。

从今天的视角来看，人类其实想过很多种探测潜艇的方法，例如，观察潜艇驶过在水面留下的航迹、追踪潜艇发热产生热尾流、采用雷达波探测潜艇突出水面的天线或桅杆、通过特定频率的激光或射线发现潜艇等。很多方法仍在研究中，并取得了一定的突破。但是，直到今天，对于世界上所有国家而言，如果想要在鱼雷的攻击范围外发现、定位隐蔽状态的潜艇，最有效的技术途径仍然是声呐。

声呐（Sonar）这个词虽然诞生于第二次世界大战后期，但声呐的雏形也可以追溯到达·芬奇。1490年，他在札记中提到"如果使船停航，将一个长管的一端插入水中，用耳朵贴在管子的另一端,就可以听到远处的航船声"。

事实上,早在第一次世界大战之前,类似于声呐的设备就已经在很多船舶上装备使用,但其目的不是探潜,而是水下导航。19世纪末,水下巨型钟与船载碳粒微音器,组合成最初的导航系统,作用距离可以达到8.6n mile左右。据说到了1912年,也就是轰动世界的"泰坦尼克"号撞击冰山事件发生的那一年,全世界已经设置了135个水下导航钟,900多艘船安装了上述导航系统。当然,这是一种被动导航系统,无助于船舶回避冰山。"泰坦尼克"号悲剧发生5天后,英国人路易斯·弗莱·理查森(Lewis Fry Richardson)便提出了"回声定位"的构想,但受限于当时的技术水平,没有能够提出具体的设计。1914年,美国人费森登(Fessenden Reginald Aubrey)发明了水下发射、接收换能器,组成了世界上第一台"主动声呐"。这类声呐不同于以往单纯听测目标辐射声的被动声呐,其工作原理是通过水下发射换能器发射一个预先设计好的已知声信号,当该信号照射到水下目标并发生反射后,通过接收换能器测量"回声"。1914年,费森登成功利用这套装置探测到了2n mile以外的冰山。

声呐从民用转向军用的契机,则是德国"无限制潜艇战"。1918年,法国著名物理学家郎之万(Paul Longivan)和俄国工程师希洛夫斯基,发明"石英-钢"压电式超声换能器,第一次实现了1500m外的潜艇探测,这便是现代声呐的雏形。郎之万和希洛夫斯基的发明,标志着声呐正式成为反潜装备[3]。

但是,两次世界大战中的潜艇,更接近"能下潜的水面舰",除了提前进入伏击阵地,大多数时间都位于水面以上,反潜主要还是依靠船员的水面观察。第二次世界大战中,面对卡尔·邓尼茨(Karl Doenitz)的"狼群战术",盟国想到的应对策略是飞机护航:通过提前截获德军潜艇之间的通信信息,然后派遣搭载了机载雷达的反潜飞机到达预定海域开展行动,沉重打击了狼群战术的猖獗势头。

第二次世界大战结束后,潜艇在水下隐蔽航行的能力迅速增强。1954年9月30日,"鹦鹉螺"号核潜艇正式服役。不久后,在北约组织代号为"还击"的演习中,该艇在水下以24kn的航速,随意向包括2艘航空母舰、1艘重型巡洋舰、9艘驱逐舰在内的16艘舰艇发起攻击,而对方的反潜兵力几乎毫无办法[4]。

很快,无所忌惮的核潜艇与令人生畏的核弹头结合在了一起。这使得传统的水下"猫捉老鼠"游戏骤然与国家战略安全绑定起来。对于美、苏而言,持续、有效地跟踪对方战略核潜艇,意味着在一定程度上抑制了对方的核反击能力,进而能够在全球霸权的竞争中占据优势。为此,美国及其盟国投入巨资,在北大西洋下布设著名的声呐基阵SOSUS(Sound Surveillance System),以遏制苏联潜艇的威胁。

SOSUS功劳卓著。古巴核危机事件中,苏联曾派遣4艘"狐步"级(或称F级)柴电潜艇秘密前往古巴,保护其军事设施。苏联不知道,此时美国与英国之间已经布设了SOSUS系统。苏联潜艇的一举一动都在监视之下。当四艘"狐步"级潜艇刚刚进入古巴附近的海域时,就迎面碰到了早已等候在此的美国舰队。直到今天,当年年轻的苏联潜艇兵阿纳托利·安德烈耶夫(Anatolii Andreev)回想起那段经历,仍然心有余悸:"被(美军)发现后,潜艇就不能浮出水面了。因为这不仅意味着承认(苏联在古巴的驻军),还可能被攻击。潜艇内部就是地狱,艇内空气浑浊,艇员呼吸困难。"(纪录片:《寂静战争:冷战潜艇战》(*The Silent War*),2013)。最终,在进行了2天毫无意义的躲避和抗争后,苏联潜艇上浮投降,任务失败。

除了冷战的水下追逐,不少局部战争中也能看到声呐新技术的影子。例如,1982年英阿马岛战争中,英国的"征服者"号潜艇用拖曳阵声呐对阿根廷的"贝尔格拉诺将军"号巡洋舰进行远程探测,并对其进行了鱼雷攻击。这是拖曳阵声呐首次在实战中应用。

除了声呐规模的扩大,声呐技术也取得了突飞猛进的进步。理论上来说,声音只要产生,无论在传播过程中衰减多大,都不会彻底消失。我们有时听不到别人的轻声细语,只是因为说话人的声音被环境噪声所掩盖,或者强度低于耳朵的检测阈。同样的道理,声呐如果要探测到潜艇,关键是要拥有一组足够灵敏的传感器(如果是主动声呐,还需要大功率的换能器)和一套有效的噪声抑制方法。

在传感器方面,矢量水听器、复合压电材料、PVDF压电薄膜等技术陆续获得突破。目前,大多数声呐水听器的灵敏度,在主要噪声频段都优于-200dB。这相当于比人类的最佳听力还要灵敏10亿倍以上。

在噪声抑制方面,波束形成、线谱滤波等技术手段相继出现。以波束形成为例:正如人可以通过两个耳朵同时听音、辨别声音来源的方向一样,波束形成技术也可以将成百上千个传感器按照特定的阵型组合起来,实现一个方向上声音的听测[5]。要知道,相对于声呐,海洋的背景噪声来源于四面八方,而目标潜艇的噪声则是源于一个确定的方向。如果能够只听目标潜艇方向上的声音,就相当于将四面八方的背景噪声全部排除,取得数百倍的噪声抑制效果。

各项声呐技术的效果之间都是"乘积"的关系。全部应用后,现代声呐的听测能力可以轻松超过人耳万亿倍,完成一系列看似不可能的探潜任务。即使是被海洋噪声淹没的最微小信号,也难以逃脱现代声呐的捕捉。美国橡树岭国家实验室有过一个形象的比喻:

田纳西州对阵亚拉巴马州的橄榄球赛进行到了最后一分钟,比分28∶27。美军潜艇声学探测技术能够从此时体育场内10万多名球迷震耳欲聋的喧嚣声中,准确辨别出其中一位观众口中正在背诵的诗歌。

要知道,潜艇所处的深海环境可比橄榄球场安静多了。

1.3　道高一尺魔高一丈

声呐探潜与潜艇降噪,可以说是矛与盾的关系。由于声呐性能的不断增强,布设规模的不断扩大,潜艇声隐身的要求也在不断提升。如果要让潜艇被称为"安静",必须让这艘拥有数千吨排水量、数百台机械设备、数十兆瓦核常动力的庞然大物,将辐射到水中的声能控制在0.1mW以内。这样微弱的声辐射能量是点亮一支日光灯管所需能量的数十万分之一。

这看似是一项不可能的任务,然而,人类又一次做到了。

美国对减振降噪的系统性研究可以追溯到20世纪50年代。为了应对越来越先进的声呐技术的挑战,美国的减振降噪历程可以划分为3个阶段:

1. 第一阶段：主要噪声源控制阶段(1954—1967年)

早期美国核潜艇噪声中螺旋桨噪声和机械噪声占主体，其主要的降噪技术包括低噪声螺旋桨、独立减振装置、减振管路、减振元器件等。一些公开报道中，到了"鲟鱼"级潜艇服役，美军潜艇噪声已经相比于"鹦鹉螺"号大幅降低了20dB左右。

2. 第二阶段：潜艇低频噪声控制(1967—1988年)

这一阶段，美军发现，其潜艇噪声能量中的70%以上，都分布在低频段。如果要在潜艇噪声达到140dB后，进一步降噪，重点在于控制低频。其主要的降噪技术包括泵喷推进、舱筏减振、推进装置隔振、消声瓦、低噪声艉轴承等。到了"洛杉矶"级改进型潜艇服役，美军潜艇噪声相比于"鲟鱼"级又有了5~10dB的降低。

3. 第三阶段：潜艇高航速和动态隐身(1988年至今)

当前，美军新型潜艇追求的是在20kn航速以上的低噪声性能和作战使用过程中的动态隐身维持。其主要的降噪技术包括有源/主动减振、高速发电、电磁轴承、噪声监测系统等。最新型的"弗吉尼亚"级/"海狼"级潜艇服役后，美军潜艇噪声相比于"洛杉矶"级改进型再次降低5~10dB。

现在，美国潜艇正处于转型时期，新一代"哥伦比亚"级战略核潜艇的设计评估工作也在稳步推进。该艇在论证之初，就提出了长达60年的隐身指标要求，如果该艇如期在2031年建成服役，无疑将成为美国海军减振降噪新阶段的重要标志，如图1-2所示。

图1-2 "哥伦比亚"级核潜艇

相比于美国，苏联(俄罗斯)的减振降噪工作则晚了很多，也慢了很多。其第一代核潜艇(1958—1968年)以N级攻击型核潜艇、H级弹道导弹核潜艇以及E级巡航导弹核潜艇等为代表，设计思路保守、机械设备噪声大，噪声是第二次世界大战时期柴电潜艇的高噪声水平。

据美国海军解密的资料介绍，1962年7月，美国的SOSUS在巴巴多斯(Barbados)的基站侦测到苏联HEN时代的核潜艇穿越封锁线，侦测距离大致是整个北大西洋。

苏联的第二代核潜艇(1968—1977年)以A/V级攻击型潜艇、C级巡航导弹核潜艇、

Y/D级弹道导弹核潜艇为代表,苏联在降噪上有所进步,开始应用双层隔振和声学覆盖层技术。但由于陆基战略核力量思想主导,在潜艇发展思路上没有把安静性放到中心位置,而以高航速、大潜深、强武备为主要追求目标,导致这一时期苏联潜艇噪声仍然较高。

以阿尔法核潜艇为例,因为噪声巨大,被西方海军戏称为"咆哮的公牛"(Roaring Bull)。美国海军把1960—1980年戏称为与苏联潜艇对抗历程中的一段"快乐时光"(Happy Time)。

苏联(俄罗斯)的第三代核潜艇(1980—2000年)以V-Ⅲ/AK/AK-Ⅰ级攻击型潜艇、Typhoon级弹道导弹核潜艇、Oscar级巡航导弹核潜艇为代表。

1968年美国海军约翰·沃克(John Walker)成为苏联间谍,开始向苏联大量出卖美国海军作战能力的情报,苏联海军很快知道了SUSOS的存在及其远距离跟踪苏联潜艇的效能,并马上着手开始迟来的潜艇降噪计划。

经过近十余年的努力,苏联海军解决了齿轮箱、轴系制造精度的难题,突破了动力舱段整体隔振、挠性接管、消声瓦等关键技术;另外,从东芝公司获得了9轴铣床,有能力制造斜面螺旋桨等。因此,第三代苏联潜艇的噪声,相比于第二代降低了30~40dB,达到同时期美国"洛杉矶"级核潜艇的噪声水平,并在实战中多次表现出优异的隐身性能。

俄罗斯的第四代核潜艇(2000年至今)以"亚森"级攻击型核潜艇、"北风之神"弹道导弹核潜艇为代表。俄罗斯第四代核潜艇提出了以降噪为核心的研制目标,研制了新型声学覆盖层,实现了主动降噪技术实艇应用等,其噪声达到了与美国"海狼/弗吉尼亚"级核潜艇相当的水平。

现在,经过几十年的发展,美、俄、英、德等海军强国主战潜艇的噪声,已经达到甚至可能超过准安静型水平(具体的潜艇噪声水平是各国的机密,很难准确获知),英国在其"机敏"级核潜艇下水服役时曾表示:"机敏"级核潜艇虽然庞大,但航行时产生的噪声比一条鲸鱼的动静还小。

1.4　从军到民的降噪未来

从世界各海军强国对潜艇减振降噪技术发展的投入上就可以看出,虽然冷战已经过去了30多年,但大国竞争却从来没有丝毫停止。同时,顺应和平与发展的时代主题,减振降噪技术的研究也逐步走出潜艇、舰船,扩大到了普通的民用船舶。

振动噪声对民用船舶的影响体现在方方面面,也越来越受到重视。船上机械振动可能引起结构劳损,导致故障发生,产生不必要的经济损失。早在20世纪就已经证明,船舶机械振动引起的水下噪声,严重威胁着海洋生物的健康,也会降低渔船的捕获量。而船舱空气噪声则会对船员健康造成很大危害。研究表明,50%以上长期处于高噪声舱室的船员,其听力、神经系统、心血管、消化系统等都受到了舱室噪声不同程度的损害。无论是从安全性、经济性、还是舒适性上考虑,民用船舶的减振降噪都是意义重大。

总的来说,安静化无疑是现代船舶技术发展的必然方向和突出特点。我国如果要关心海洋、认识海洋,并真正地跨入经略海洋,船舶减振降噪就是绕不过去的难关。

习 题

1. 从军用和民用两个角度出发，谈谈你对船舶减振降噪重要性的理解。
2. 简述美国潜艇降噪历程的各个阶段。
3. 简述俄罗斯/苏联各代潜艇的降噪历程，并谈谈你的感受。

参考文献

[1] DELGADO J P. 潜艇图文史：无声杀手和水下战争[M]. 傅建一，译. 北京：金城出版社，2019.

[2] 沈红文. 第一艘潜艇沉没之谜[J]. 科学大观园，2006(20)：50-51.

[3] 宫继祥. 水下侦察兵——声纳百年发展史[J]. 现代舰船，1999(12)：7-10.

[4] 蒋华，蒋辉. 舰船知识——二战后美国潜艇全记录[J]. 舰船知识，2009：34-39.

[5] 李启虎. 不忘初心，再创辉煌：声呐技术助推海洋强国梦[J]. 中国科学院院刊，2019，34(3)：253-263.

第 2 章 基本概念

在讨论船舶减振降噪的相关知识之前,需要对一些基本概念予以明确。这些基本概念可能在后续的讨论中经常出现,或是在船舶减振降噪领域经常使用。

2.1 振动、辐射噪声与自噪声

所谓振动,是指物质系统状态的某种周期性变化。物体在平衡位置附近的往复运动称为"机械振动",它是在工程技术以及日常生活中经常遇到的物理现象。例如,悬挂在弹簧上的物体受外界干扰离开了平衡位置。由于弹簧给物体的力总是要将物体拉向平衡位置(这种力称为恢复力),因此,物体就会围绕平衡位置上下运动,这是最简单也是最直观的振动。各种机器设备及零件、各种基础、各种结构都具有质量和不同程度的弹性,因此在一定条件下都会产生振动。在许多情况下,机械振动是有害的,例如飞机和车船的振动会使乘客不舒适[1]。

船舶水噪声分为辐射噪声和自噪声两种。船舶辐射噪声是船舶上机械运转和船舶运动产生并辐射到水中的噪声,它是由离开船舶一定距离的水听器接收到的噪声。在军事领域,舰船辐射噪声是被动声探测装置的"信息源",是其隐蔽性的重要指标之一,一般用以评价本舰遭致声呐探测和水中兵器攻击的危险性。船舶自噪声是安装在船体某部位的全向水听器接收到的由于船舶自身动力装置、设备和船体运动所引起的水中噪声,它是由船舶(含设备)自身所决定的参数,是在船舶上安装的各种声呐及水声设备的干扰源之一[2]。

2.2 声学基本量、分贝与频率

2.2.1 声学基本量

描述船舶噪声强弱的常用物理量是声压 p、声强 I 和声功率 W_a。

(1)声压 p:由声波引起介质压强的变化,即 $p = P - P_0$,其中 P 为介质中存在声波时某点的压强,P_0 为介质中没有声波时该点的压强[3]。声压的单位为 Pa。在房间内大声讲话的声压约为 $10^5 \mu Pa$,第二次世界大战时期,在离低速航行潜艇 100m 处的辐射噪声约 1Pa[4]。

(2)声强 I:单位时间内垂直通过单位面积的声能量,单位为 W/m^2。传播着的声波载有机械能,这种机械能即为介质的声能。声波的传播就是声能的传输。

对于平面波,声强和声压之间有一个较为简单的换算公式:

$$I = \frac{p^2}{\rho c} \tag{2-1}$$

式中:ρ 为介质密度;c 为声速。

(3)声功率 W_a:单位时间内垂直通过指定面积的声能量,单位为 W。

描述船舶振动强弱的常用物理量是振动加速度和振动烈度。

(4)振动加速度 a:振动加速度是描述振动速度变化快慢的物理量,单位为 m/s^2。

(5)振动烈度 v:振动烈度表示振动强烈程度。一般使用机械设备上指定测点处的振动速度的均方根值作为设备的振动烈度,单位为 mm/s。振动烈度能够非常直观地体现设备的工作状态,因此常被用于设备健康状况检测。

2.2.2 分贝

1. 分贝的定义

在进行噪声测量与分析时,往往将描述振动和噪声强弱的常用物理量取对数,用分贝表示。当一个量与同类基准量之比取对数后所得量称该量级,如声压级、声强级、声功率级、振动加速度级等。当取以 10 为底的常用对数时,量级的单位是贝[耳],贝[耳]的 1/10 是分贝,单位符号是 dB[4]。

声压级计算公式:

$$L_p = 20\lg \frac{p}{p_0} \tag{2-2}$$

声强级计算公式:

$$L_I = 10\lg \frac{I}{I_0} \tag{2-3}$$

声功率级计算公式:

$$L_W = 10\lg \frac{W_a}{W_0} \tag{2-4}$$

式中:p_0、I_0、W_0 为基准值。如果基准值不同,噪声级大小也不同。水声学中,声压基准值一般选取为 $1\mu Pa$,声功率基准值一般选取为 $1pW(10^{-12}W)$;空气声学中,声压基准值一般选取为 $20\mu Pa$,声功率基准值一般选取为 1W。声强基准值的获得方法,在不同的文献中不尽相同。这里给出的是根据声压基准值计算得到,当声压基准值为 $1\mu Pa$ 时,对应的声强基准值为 $0.67 \times 10^{-18} W/m^2$。

2. 采用分贝的缘由

至于为什么要采用"对数"的形式,以分贝作为噪声、振动强度的基本单位,主要有以下两点原因:

(1) 声学量的变化范围很大。在空气中,勉强听清的耳语声的声强约为 $10^{-9}\,\mathrm{W/m^2}$,而喷气式飞机附近声音的声强可以达到 $1\,\mathrm{W/m^2}$ 以上,相差九个数量级。如果直接用绝对值表示这个能量差为 $0.999999999\,\mathrm{W/m^2}$,非常繁杂。但是若转换成分贝,耳语声的声强级为 30dB,喷气式飞机的声强级为 120dB,能量差为 90dB,一目了然。

(2) 人耳对声刺激的响应不是线性的,而是接近于对数关系。这一点将在第 6 章详细说明。

由于对数在刻画大尺度变化中的"出色表现",物理学家伽利略曾经表示:"给我时间、空间和对数,我就可以创造出整个宇宙。"

3. 分贝的计算

采用分贝来计算时,就可把原来方程式中的乘除变为加减。而若干声源的加减,则需要把对数值用反对数换算成线性值,在做完加减之后还要再换算成对数值。

例如,有 N 个噪声进行叠加,声强级分别为 L_i,现在需要求解总声强级。

步骤 1:计算每个噪声的强度

$$I_i = I_0 \times 10^{L_i/10} \tag{2-5}$$

步骤 2:对强度求和得到总声强

$$I = \sum_{i=1}^{N} I_0 \times 10^{L_i/10} \tag{2-6}$$

步骤 3:计算叠加后的总声强级

$$L = 10\lg\left(\left(\sum_{i=1}^{N} I_i\right)/I_0\right) = 10\lg\left(\sum_{i=1}^{N} 10^{L_i/10}\right) \tag{2-7}$$

2.2.3 频率

频率 f:声波每秒振动的次数,单位为 Hz。一般来说,人耳所能感受到的声波频率在 20~20000Hz 以内。

以频率为横坐标表示声振信号强度,往往比以时间为横坐标表示更加简洁。前者也可称为"频域",后者则相应地称为"时域"。如图 2-1 所示,时域上信号杂乱无章,看不

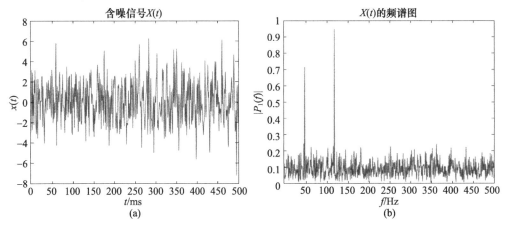

图 2-1 噪声信号时域图及频谱图
(a) 时域图;(b) 频谱图。

出主要成分。而转换到频域上,则其主要的周期特征,以突出的"峰值"形式显示了出来。傅里叶变换是信号时域表示和频域表示的常用转换方法。

2.3 全频带、宽带、窄带与线谱噪声

2.3.1 全频带、宽带、窄带与线谱

(1) 频带:当要了解噪声的频率分布情况时,可将整个频率范围分为若干部分,分别测试每一部分频率范围内的声功率,被分割成的每一部分称为频带。

频带宽度为频带内的上限频率(f_h)与下限频率(f_l)之差,即 $\Delta f = f_h - f_l$。

频带的中心频率为频带内的上限频率与下限频率的几何平均数,即 $f_c = \sqrt{f_h f_l}$。

声学中,常用频程来表示频带宽度,它以上限频率和下限频率之比的对数来表示,此对数通常以 2 为底,单位为倍频程(oct),数学表达式为

$$n = \log_2 \frac{f_h}{f_l} 或 \frac{f_h}{f_l} = 2^n \tag{2-8}$$

当 $n = 1$ 时,对应 1oct;当 $n = \frac{1}{3}$ 时,对应 1/3oct。

(2) 频谱:声压、声强或声功率与频率的几何关系,频谱分为连续谱和线谱。

(3) 连续谱:由频率在一定范围内是连续变化的分量组成的频谱,它是一种瞬态非周期性频谱。

(4) 线谱:频率离散的分量所组成的频谱,由一个或多个正弦信号组成,是一种周期性或准周期性频谱。

(5) 宽带噪声和线谱噪声:在船舶噪声频谱中,连续谱对应为连续谱噪声,又称宽带噪声;线谱对应线谱噪声[1]。图 2-2 所示的是一艘实际船舶的辐射噪声频谱图,从图中可以看出舰船辐射噪声的频谱是由连续谱和线谱叠加而成的混合谱。

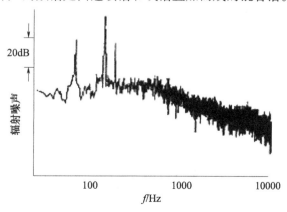

图 2-2 某实船噪声频谱图[4]

2.3.2 总级、频带级与频谱级

船舶噪声信号在较宽频率范围内都有一定的能量分布。为了描述这种分布,引入频带声压级和总声级及声压谱级的概念[4]。

1. 频带声压级

频带声压级定义为有限频带内的声压级,其频带宽度必须指明。

在船舶水声测量时,常采用 1/3oct 频带声压级,其中心频率按国际标准化组织 ISO 的推荐,选定为 $(1.0,1.25,1.6,2.0,2.5,3.15,4.0,5.0,6.3,8.0) \times 10^m$ Hz,其中 $m = 0,1,2,\cdots$。中心频率为 f_i 的第 i 号 1/3oct 频带声压级的计算公式为

$$L_p(f_i) = 20\lg \frac{p(f_i)}{p_0} \tag{2-9}$$

式中:$p(f_i)$ 为第 i 号 1/3oct 频带内的声压。

2. 总声级

当已知各 1/3oct 频带声压级时,可求得宽带声压级,也称总声级,其频率范围应当指明。由各 1/3oct 频带声压级计算指定频率范围内的总声级的公式为

$$L_p = 10\lg \left(\sum_{i=m}^{n} 10^{0.1L_p(f_i)} \right) \tag{2-10}$$

式中:i 为 1/3oct 频带的序号;f_i 为第 i 号 1/3oct 频带的中心频率;$L_p(f_i)$ 为第 i 号 1/3oct 频带内的声压级。该式的物理含义是宽频带的声能量等于所覆盖的各频带声能量的和。

3. 声压谱级

频带声压级的大小与带宽有关,为了消除带宽的影响,引入声压谱级的概念。声压谱级可理解为带宽为 1Hz 时的频带声压级,可由频带内声能量除以带宽 Δf_i 求得声压谱级,计算公式为

$$L_{ps}(f_i) = 10\lg(p^2(f_i)/\Delta f_i) = L_p(f_i) - 10\lg(\Delta f_i) \tag{2-11}$$

式中:$p(f_i)$ 为中心频率为 f_i 的频带内的声压;$L_p(f_i)$ 为中心频率为 f_i 的频带内的声压级;Δf_i 为该频带的带宽。该公式仅对所选频率范围内为连续谱的噪声信号适用。

上面讲解的频带声压级、总声级及声压谱级表示船舶噪声场中噪声的大小,但尚不能确切表示船舶噪声源的强弱,为此引入声源级、频带声源级、声压谱源级等概念[4]。

4. 声源级

声源级是距离声源等效中心 1m 距离处的声压级,计算公式为

$$L_{po} = 20\lg \frac{p_1}{p_0} \tag{2-12}$$

式中:p_1 为 1m 距离处的声压值;p_0 为声压基准值。所谓的等效中心是声源发出声波的位置。大多数声源的声辐射都具有方向性,因此声源级是方向的函数,通常把距等效中心 1m 声压最大方向的声压级作为声源级。

如果要对声源级进行测量,通常的做法是在距声源等效中心一定距离处进行噪声测量,然后对测量结果进行距离修正,得到 1m 处的声源级。作为一级近似,距离修正多采

用球面扩展衰减,则声源级为

$$L_{po} = L_p + 20\lg R \tag{2-13}$$

式中:L_p 为距离声源等效中心 R 处测得的声压级。

5. 其他衍生概念

1)频带声源级

指定频带宽度 Δf_i 内的声源级,可由同一频带声压级进行距离修正得到,公式为

$$L_{po}(f_i) = L_p(f_i) + 20\lg R \tag{2-14}$$

式中:$L_p(f_i)$ 为距离声源等效中心 R 处、频带 Δf_i 内的频带声压级。与频带声压级一样,最常用的频带声源级是 1/3oct 频带声源级。

2)总声源级

当已知 1/3oct 频带声源级时,可求得宽带声源级,也称总声源级,其频率范围应当指定。由各 1/3oct 频带声源级计算指定频率范围内的总声源级的公式为

$$L_{po} = 10\lg \left(\sum_{i=m}^{n} 10^{0.1 L_{po}(f_i)} \right) \tag{2-15}$$

式中:i 为 1/3oct 频带的序号;f_i 为第 i 号 1/3oct 频带的中心频率;$L_{po}(f_i)$ 为第 i 号 1/3oct 频带内的声源级。

总声源级也可由总声级通过距离修正得到,计算公式为

$$L_{po} = L_p + 20\lg R \tag{2-16}$$

式中:L_p 为距离声源等效中心 R 处测得的总声级。

3)声压谱源级

声压谱源级可由声压谱级进行距离修正得到,计算公式为

$$L_{pso}(f_i) = L_{ps}(f_i) + 20\lg R \tag{2-17}$$

式中:$L_{ps}(f_i)$ 为距离声源等效中心 R 处的声压谱级。

声压谱源级也可利用频带声源级来计算:

$$L_{pso}(f_i) = L_{po}(f_i) - 10\lg(\Delta f_i) \tag{2-18}$$

式中:$L_{po}(f_i)$ 为中心频率为 f_i 的频带内的声源级;Δf_i 为该频带的带宽。

2.4 稳态噪声、瞬态噪声与偶发噪声

2.4.1 稳态噪声

当船舶匀速直线航行时,船舶噪声基本上是平稳的,它的特性不随时间变化,此时的船舶噪声为稳态噪声。而当船舶减速、加速、转向以及改变工作状态时,船舶噪声将是非平稳的。

在稳态噪声中,既有确定性信号成分,又有随机信号成分。对于确定性信号,可用一个明确的时间函数来描述,即在给定的某一个时刻,有完全确定的信号取值。对于随机信

号,则不能用一个预先确定的时间函数来描述,即无法预测未来某一时刻信号的精确值,只能通过在相同试验条件下,进行多个时间历程的观测记录来得到它的统计特性[4]。

2.4.2 瞬态噪声

船舶噪声除稳态噪声外,还有非平稳噪声,例如瞬态噪声,即在短促时间内出现的噪声。常见的瞬态噪声包括但不限于以下几类:

(1) 空调系统、通风系统等系统、装置、设备间断运行产生的振动噪声;
(2) 推进系统、泵等系统、装置、设备工况切换产生的振动噪声;
(3) 转向操舵等航行状态变化过程中的瞬态噪声;
(4) 中高航速时水流激励船舶外部结构发出的振动噪声;
(5) 高航速时推进器的空化噪声;
(6) 舱内房门开关、人员走动等活动引起的振动噪声。

与稳态噪声相比,瞬态噪声具有突发性、短时性、变化剧烈、瞬时能量高等特征,这些瞬态特征的提取,对水下目标的远程探测识别提供了十分有用的信息[5]。瞬态噪声的特征参数包括时域、频域和时频域三个方面。时域参数主要包括峰值、峰值有效值、峭度指标、脉冲指标、裕度指标、信号宽度、信号上升斜率、信号下降斜率等;频域参数主要包括峰值频点、信号带宽、中心频率等;时频域参数主要包括频谱的重心频率、频率标准差等。这些参数可以根据实际需求选择使用。

上述部分参数的物理含义和计算方法如表 2-1 所示。

表 2-1 瞬态噪声信号时/频域参数

类型	信号参数	物理含义和计算方法
时域	峰值	$P_1 = \max(x_i)$ 描述信号的最大幅值
	峰值有效值	$P_2 = \sqrt{\sum_{i=1}^{N} x_i^2 \Big/ N}$ 反映一段时间内信号的能量
	峭度指标	$P_3 = \frac{1}{N}\sum_{i=1}^{N}(x_i - \bar{x})^4 \Big/ P_2^4$ 反映信号的冲击特征
	脉冲指标	$P_4 = \dfrac{P_1}{\sum_{i=1}^{N} x_i \Big/ N}$ 反映信号的冲击特征
	裕度指标	$P_5 = \dfrac{P_1}{\left\lvert \dfrac{1}{N}\sum_{i=1}^{N}\sqrt{\lvert x_i \rvert}\right\rvert^2}$ 反映信号的冲击特征
	信号宽度	描述信号的信号持续时间
	信号上升/下降斜率	描述信号的波形包络信息

续表

类型	信号参数	物理含义和计算方法
频域	峰值频点	选取最大值附近的 5 个点并进行二次曲线拟合,由最小二乘法得到拟合曲线,通过顶点坐标求得信号的峰值频点
	信号带宽	功率谱密度峰值下降 3dB 后所对应的频率范围称为 3dB 带宽
	中心频率	3dB 带宽所对应的频带中心即为信号的中心频率
时频域	频谱的重心频率	$F_C = \sum_{i=1}^{L} f_i \cdot S(f_i) \Big/ \sum_{i=1}^{L} S(f_i)$ 描述频谱中能量的集中位置,反映频域主要能量的变化情况
	频率标准差	$F_S = \sqrt{\sum_{i=1}^{L} ((f_i - F_C)^2 \cdot S(f_i)) \Big/ \sum_{i=1}^{L} S(f_i)}$ 描述频谱中能量分布的分散程度,反映频域能量分布的变化情况

2.4.3 偶发噪声

船舶在使用过程中不可避免会出现突发的噪声恶化现象,例如:突然出现的设备故障导致噪声明显增加、没有紧固好的船体结构的冲击与振动等,这类噪声称为偶发(异常)噪声。在一些公开资料中,以下原因容易导致偶发噪声的出现:

(1)船舶设计或者建造考虑不周;
(2)安装不到位,例如可拆板、可折板等装置锁紧不到位;
(3)紧固件松动,例如可拆板、可折板、管路、电缆套管的卡箍等紧固螺栓或者螺钉松动;
(4)偶然出现的其他现象,例如通海口格栅断裂,阻尼板、橡胶板的压条松动等。

2.5 船舶噪声模型

2.5.1 频谱模型

一般情况下,船舶噪声由宽带连续谱和一系列线谱组成。其中线谱部分与推进系统、螺旋桨及辅机有关。辅机产生的线谱分量通常是稳定的,且这类线谱的频率与船舶航速无关。推进系统和螺旋桨产生的线谱的幅度和频率随着船舶的航速变化而变化,且有周期性变化的调制现象[2]。

连续谱反映噪声信号中随机噪声部分的能量分布,大量的测量和分析表明,船舶噪声的连续谱有一峰值,其谱峰频率因其类型而异,但大多在 200~400Hz,当频率低于谱峰频率的上限时,谱源级强度随频率的增高变化不大,较为平直,它占有辐射噪声的绝大部分能量;当超过这一频率上限时,每倍频程衰减约 6dB[4]。

线谱反映噪声信号中的周期性噪声部分的能量分布,是一种周期性或准周期性频谱,是船舶声源级最易观察到的信号。线谱多分布在 800Hz 以下的低频段,而且不同船舶噪声线谱的频率和幅值并不相同。如图 2-3 所示,一般在 0.1~10Hz 频带内的离散线谱是由螺旋桨的旋转引起的,几赫兹到几百赫兹的频带内的离散线谱与船体及船用机械的振动有关,当船舶螺旋桨出现唱音时,其特征表现为 100~1000Hz 的强单频声[1]。线谱的频率、幅值和稳定时间是线谱的三个主要特征[2]。在没有特殊说明的情况下,通常规定分析线谱时的带宽为 1Hz。

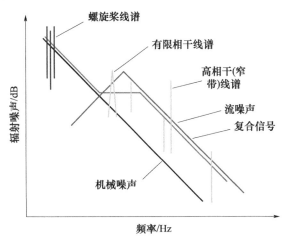

图 2-3 船舶辐射噪声谱特征

需要说明的是,对于一艘特定船舶,其噪声水平并不是恒定不变的。船舶在使用期内会发生磨耗、机械装置不平衡等现象,研究表明,运行一段时间后的船舶,其噪声水平可平均增加 5dB[1]。

2.5.2 空间模型

船舶航行过程中,其辐射噪声的能量在空间上的分布是不均匀的,导致船舶辐射噪声具有一定的方向性,也可以称为"指向性",即声源级与观测点的方向有关。

受舱内机械设备分布、船体受水流激励情况、推进器转速等因素影响,船舶辐射噪声空间指向性比偶极子和同相小球源要复杂得多。对于在水下航行的潜艇,其水下辐射噪声的指向性还可以按照空间位置的不同分为垂直指向性和水平指向性,如图 2-4 所示。

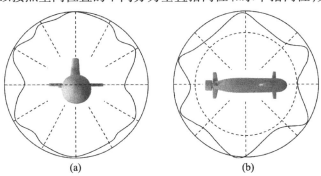

图 2-4 潜艇水下辐射噪声指向性的示意图[6]
(a)垂直指向性;(b)水平指向性。

2.6 三大噪声源

船舶噪声通常认为是由机械噪声、螺旋桨噪声和水动力噪声三部分叠加而成,如图2-5所示[1]。

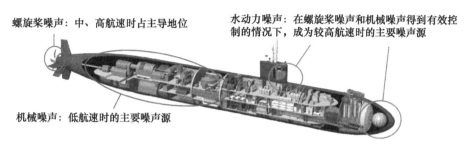

图 2-5 船舶噪声源主要构成[1]

测试结果表明,船舶在中、高航速下,螺旋桨噪声、水动力噪声是主要噪声源,占主导地位,机械噪声次之;而在低航速下,各种设备产生的机械噪声是主要噪声源,也是其低频线谱噪声的主要来源。一些公开文献中,总结了船舶辐射噪声与其航速关系的一般规律,如图2-6所示。当然,这条关系曲线的具体比例和航速与船舶本身密切相关,不能一概而论。

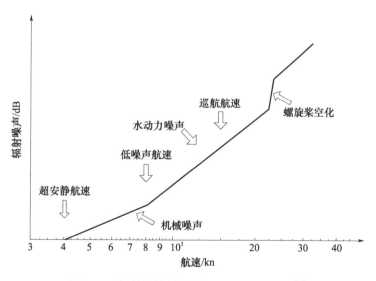

图 2-6 船舶辐射噪声与航速的关系示意图[1]

对于机械噪声的成因,将在第3章讨论,而机械噪声的控制方法,则在第3至第6章讨论;螺旋桨噪声的成因和控制方法,将在第7章讨论;水动力噪声的成因和控制方法,则安排在第8章。

习 题

1. 简述船舶辐射噪声与航速的关系。
2. 简述船舶辐射噪声和自噪声的区别和联系。
3. 简述稳态噪声、瞬态噪声、偶发噪声的概念,并分别举例。
4. 简述频率、频带、1/3oct 的概念。
5. 简述频带声压级、声压谱级、总声级、声源级的概念。
6. 假设船上有 3 个主要噪声源,分别是设备 A、设备 B 和设备 C,声压级分别为 140dB、140dB 和 125dB。调研发现,某降噪技术①可降低设备 A 声压级 15dB,某降噪技术②可降低设备 C 声压级 15dB;而且,降噪技术①和降噪技术②不能同时应用。请问,从降噪的角度,在①、②两项技术中,应该选择哪一项?

参考文献

[1] 何琳,帅长庚. 振动理论与工程应用[M]. 北京:科学出版社,2015.
[2] 邢国强. 典型舰船辐射噪声建模与仿真[D]. 西安:西北工业大学,2005.
[3] 王玉. 三维刚性壁面空腔流动机制与水动噪声研究[D]. 天津:天津大学,2012.
[4] 王之程,陈宗岐,于沨,等. 舰船噪声测量与分析[M]. 北京:国防工业出版社,2004.
[5] 刘新. 瞬态噪声信号分析方法研究[D]. 哈尔滨:哈尔滨工程大学,2019.
[6] 刘宁. 典型潜艇水下辐射噪声空间分布特性测试与分析技术研究[D]. 哈尔滨:哈尔滨工程大学,2005.

第3章 机械噪声源及其治理

3.1 机械噪声的概念

船舶上通常存在数十至数百台机械设备。各类机械设备在工作过程中必然会产生振动、噪声。这些振动、噪声通过船舶结构、空气传递到船体，进而引起船体振动并向舷外辐射噪声。这类由船舶机械设备引发的辐射噪声，也称为船舶机械噪声。

虽然所有的机械设备都会产生振动和噪声，但不同机械设备产生的噪声级差异较大，机理也不尽相同。

3.2 机械噪声机理及特性

3.2.1 旋转不平衡

机械设备旋转部件可能在运动过程中出现动态不平衡，例如轴或电机电枢不圆、轴系对中不好等情况。

以机械转子不平衡为例。具有完善的几何形状和质量均匀分布的转子叫做理想的转子，其几何中心（转动中心）与平均质量中心（质心）相重合。此时如果转子系统不受其他因素的影响，且转子绝对刚性，就不会产生不平衡力。但现实中的转子都不是理想转子，转子上的叶片质量本身就存在一定的偏差，叶轮的叶根槽也不可能加工成完全径向对称。各种误差不断累积，就导致转子的转动中心和质心出现偏离，进而出现转子的旋转不平衡[1]。

对于这种不平衡的转子来说，其质心同转动中心的距离，也被称为"偏心距"。一般而言，这种不平衡质量所引起的不平衡力可表达为

$$F = M_u R_u \omega^2 \qquad (3-1)$$

式中:R_u 为偏心距;M_u 为偏心质量;ω 为转子的旋转角速度。据此,转子不平衡通常用不平衡量 $U = M_u R_u$ 来衡量。

3.2.2 碰撞拍击

机械设备在连接贴合的部位,重复出现的不连续性,例如齿轮啮合、电枢槽、汽轮机叶片等情况,也可能引发噪声。

齿轮传动装置的噪声是一类比较有代表性的案例。齿轮传动装置噪声对柴油机动力装置来说较小,但对蒸汽和燃气动力装置来说却往往是主要噪声源之一。齿轮噪声与它的啮合过程有关,由于啮合过程的不连续性,齿轮产生摩擦、碰撞和拍击,进而导致一系列振动和噪声。

图 3-1 所示为一对传动齿轮,下面的小齿轮为主动齿轮,它驱动上面的大齿轮。两个齿轮在一个啮合周期中的接触线始于 A 点,终于 C 点。B 点为两齿轮节圆的切点[2]。在传动过程中始终有一驱动力沿 AC 方向作用在齿轮上,并经轴传到轴承上。由于在整个啮合过程中这个力会发生一些变化,所以会引起轴承振动,并向外传递。此振动的基频也被称为啮合频率。

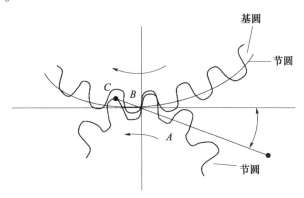

图 3-1 传动齿轮

齿轮装置的啮合频率为

$$f = nZ/60 \qquad (3-2)$$

式中:n 为转速(r/min);Z 为齿数。

一般来说,在齿轮的啮合频率及其倍数谐频波处噪声级最大。

齿轮在完成一个啮合周期时,它们并不完全是滚动接触,在主动轮上压力作用点从齿根移向齿顶,在从动轮上则从齿顶移向齿根。在啮合的齿面间不可避免地出现滑动。在啮合开始(A 点)和结束(C 点)时的相对滑动速度最大,在节圆切点(B 点)上则等于零。相对滑动速度在 B 点处将改变方向。由于齿面间存在相对滑动,因而必然产生滑动摩擦力,该摩擦力在 B 点改变方向。摩擦力方向改变的同时,在节圆上产生一个冲击力,称为节线冲力,其方向垂直于接触线[2]。

节线冲力的大小和持续时间与齿间传递的周向力、齿面的摩擦系数和相对滑动速度的大小诸因素有关。而相对滑动速度直接与齿轮的转速成正比,并随齿轮的接触点至 B 点距离的增加而增大。由此可知,齿轮传动功率越大,转速越高、齿面粗糙度越差,则节线冲力也就越大[2]。节线冲力是引起齿轮振动与噪声的主要原因之一。

实际上齿轮的轮齿受力后总要变形,因此会产生冲击性啮合,这种撞击力称为啮合冲力,它是沿着齿轮撞击线方向作用。由啮合冲力引起的振动噪声是齿轮振动噪声的主要部分。由于轮齿相当于一个弹性悬臂梁,当啮合冲力的频率(指作用于同一轮齿上的啮合冲力)等于或接近该梁的自振频率时,会使噪声振动增大。

齿轮噪声大致有以下一些频率成分:

(1)齿轮每秒啮合次数的频率成分包括啮合频率成分及其高次谐波成分[3]:

$$f_i = inZ/60, i = 1,2,3,\cdots \quad (3-3)$$

(2)旋转频率成分:

$$f_r = n/60 \quad (3-4)$$

(3)啮合固有频率。可近似按下式计算:

$$f_0 = \sqrt{K(1/M_1 + 1/M_2)}/2\pi \quad (3-5)$$

式中:M_1、M_2 为折算到齿轮作用线上的有效质量;K 为啮合的一对齿的平均刚度[4]。

(4)齿轮的固有频率。

(5)某些不良成分。这种频率与不良齿的数目有关。

影响齿轮噪声的因素很多,主要可归纳为以下几种:

(1)转速的影响。

一些早期研究结果表明,转速加倍时,齿轮噪声通常要增加 6dB。

(2)载荷影响。

作用在齿轮上的载荷用比载荷表示,比载荷为齿轮单位长度上受的力(N/mm)。比载荷增大,齿面间的摩擦力增加,引起节线冲力增大。同时比载荷大到使齿轮变形以致影响到啮合精度时会引起啮合冲力增加[5]。齿轮比载荷对噪声的影响有如下经验数据:对于低速齿轮($n = 500 \sim 3000 r/min$),比载荷加倍,声压级增加 3dB 左右;对于高速齿轮($n > 400 r/min$),比载荷增加一倍,声压级增加 6dB 左右。

(3)齿轮重合系数的影响。

增加重合系数意味着增加在任一时刻的平均啮合齿数,把载荷分配给较多的轮齿,使齿轮产生较小的变形和啮合冲力,改善它们进入和脱开啮合的状况,从而使噪声有所降低[5]。重合系数从 1.19 增加至 2.07 时,转速为 1000r/min 的齿轮可降低噪声 4dB,2000r/min 时可降低噪声 6dB。

(4)齿轮制造误差的影响。

一对齿轮产生的噪声,常常与主动齿轮恒速旋转而被动齿轮不能恒速旋转有关。造成被动齿轮不能恒速旋转的一个重要原因是齿轮制造中的尺寸误差,引起非渐开线啮合运转[5]。轮齿表面粗糙度也影响齿轮噪声。表面粗糙度不同可使齿轮噪声有 6dB 的变化。

在正常加工精度的情况下,齿轮产生的空气噪声大致可以用以下公式估算:

$$L_{WA} = 10\lg W_g + 56 \quad (3-6)$$

式中:L_{WA} 为齿轮噪声 A 计权声级;W_g 为传递的机械功率(W)。

已有研究表明,如果加工精度提高,可以将此值降低约 20dB。

3.2.3　往复部件

往复部件是船舶机械中最常见的部件之一,例如柴油机气缸中的爆炸,其运动、冲击都会产生噪声。

往复部件噪声的典型案例是柴油机中的燃烧噪声。所谓"燃烧噪声",是指由于气缸内高压燃烧气体的冲击作用,使气缸盖和活塞产生振动,这部分振动传至机体表面产生的噪声[6]。

燃烧噪声与气缸内高压燃烧气体的压力变化特性有关。如果压力变化平缓,则燃烧噪声较小;反之,如果压力变化剧烈,则燃烧噪声较大[6]。在柴油机燃烧系统中,影响压力变化特性的最重要的参数,是发火延时期的长短。在燃油和空气得到良好混合的情况下,发火延时期缩短,压力上升的变化就比较平缓;反之,若燃油和空气混合不足,发火延时期增长,缸内压力上升变化急促,就会产生较强的冲击作用,进而导致更大的振动和噪声。

理论及试验研究的结果都表明,影响发动机燃烧噪声的基本结构和运转参数包括缸径 $D(\text{cm})$ 和转速 $n(\text{r/min})$。燃烧噪声的强度 I_c 和缸径与转速有如下关系:

$$I_c \propto n^k D^5 \tag{3-7}$$

式中:k 为燃烧指数(一些文献中给出了经验取值,例如,对柴油机来说,$k=2.5$)。

燃烧噪声级可表示为

$$L_c = 50\lg D + 10k\lg n + b \tag{3-8}$$

式中:b 为常数值(由试验确定)。

根据燃烧噪声产生的机理,减小燃烧噪声的方法,主要是通过各种手段减缓缸内压力上升速率。

3.2.4　湍流空化

很大一部分机械设备,例如泵、管道、阀门等,都存在空气、水或者油之类的流体。这些流体在抽排、扰动的过程中出现的湍流、空化等现象都会产生噪声。

研究湍流空化噪声,最典型的例子是液力机械。在动力系统中有许多液力机械,如螺旋桨、油水泵等。液力机械中最常见的是各种液压泵,它有一个或几个部件从输入部分吸取少量液体,然后对这些液体加压,并输到排出口。这个过程产生脉动的容积流,从而引起噪声。在加压过程中,泵体内会产生材料的振动与变形,产生空气与结构噪声。液力噪声中最突出的频率成分可用下式计算:

$$f_i = nSi/60 \tag{3-9}$$

式中:n 为泵的转速;S 为泵中的叶片数目或柱塞及齿的数目;i 为谐波次数。

除此以外,液力机械产生的特殊的振动噪声包括以下几种:

1. 空泡噪声

在液压泵或螺旋桨等叶片旋转力作用下,若其液压降低到液体的气化压时,则会产生汽化泡现象。这些气泡会破裂而产生噪声。特别大的离心泵和轴流泵容易产生强烈振动。螺旋桨也会产生空泡噪声,它是船舶的主要水噪声源之一。

2. 喘振噪声

在一些管系中无外部周期强制作用,而管路内的压力和流量却产生有规律性的连续波动从而产生噪声,这称为喘振噪声。它是一种自激振动[6]。

3. "水击"噪声

若管路上阀门急速关闭时,使该部分管段的压力上升。波动在长管道中传递而产生压力波动,称为"水击"现象。其压力变化周期为$4l/c$(c为液体中声速,l为管长)。

除此以外,阀件的敲击,液压系统中漏入气泡的破裂都会产生噪声。管路若安装不正确,也会产生振动和噪声。

有的研究者通过实验发现,泵的噪声级随它的压力、转速、流量的变化而变化。其中转速变化对噪声影响最大。当转速增加1倍时,噪声级约增加7dB,而排量或压力增加1倍时,噪声级约增加3dB。

前文提到的离心式鼓风机,也存在湍流空化类的噪声。例如,风机中的涡流噪声,又称旋涡噪声。它主要是由于气流流经叶片时,产生紊流附面层及旋涡与旋涡分裂脱体,在叶片上引起压力脉动所造成的。涡流噪声的频率为

$$f_i = Sr \cdot ui/L \tag{3-10}$$

式中:Sr为斯托劳哈尔数(一般取为0.185);u为气体与叶片的相对速度(m/s);L为物体正表面宽度在垂直于速度平面上的投影;i为谐波次数。

由式(3-10)可知,风机的涡流噪声频率主要与气流和叶片的相对速度u有关,u又与工作轮的圆周速度有关,因为由内到外的圆周速度是连续变化的,所以风机运行时所产生的涡流噪声是一种宽频带的连续谱[2]。

3.2.5 轴承摩擦

轴承噪声一般是指轴承和轴颈上机械摩擦产生的噪声。机械设备上的轴承噪声一般不太突出,但当有损坏时也可能成为其主要噪声源之一。

一些研究表明,滚动轴承一般比滑动轴承噪声大。对于滑动轴承,其噪声产生的原因主要是滑动面由于加工不良形成凹凸而引起的振动噪声。而对于滚动轴承,引起噪声的原因主要有以下几个方面:

(1)轴承中的滚珠有缺陷,或形状不规则。在轴承转动过程中,这些有缺陷或不规则的滚珠周期性地与内外滚道接触引起振动,并辐射出噪声。相应的噪声频率为

$$f_B = \frac{4r_1 r_2}{(r_2 - r_1)(r_2 + r_1)} \left(\frac{n}{60}\right) m_B \tag{3-11}$$

式中:r_1、r_2分别为内、外滚道的半径;m_B为有缺陷滚珠的个数;n为转速。

(2)内外滚道上有部分变形而产生的噪声。当滚珠转过该变形处时会产生冲击,从而引起振动与噪声。相应的噪声频率分别为:

内滚道上有变形时

$$f_1 = Zm_1[1 - r_1/(r_1 + r_2)]n/60 \tag{3-12}$$

式中:Z为轴承中滚珠的个数;m_1为内滚道上有变形处的个数。

外滚道上有变形时

$$f_2 = Zm_2[r_1/(r_1+r_2)]n/60 \quad (3-13)$$

式中：m_2 为外滚道上有变形处的个数。

（3）滚道固有振动而产生的噪声。这是所有滚动轴承都会有的噪声。在轴承内的滚道及滚动体表面的圆周方向上不可避免地存在无规则的形状误差。当轴承旋转时，滚动体与滚道接触，使其间的作用发生微小的交替变化，给滚道体一个强迫振动力，迫使滚道体产生强迫振动。当激振力的频率等于滚道体的固有频率时将产生较大的振动噪声。

（4）旋转不平衡产生的噪声，其频率为转动频率。

3.2.6 电磁噪声

电磁噪声在直流电机和交流电机中均存在。不管是哪一种电机，不平衡的电磁力都是使电机产生电磁振动并辐射电磁噪声的根源[7]。

1. 直流电机的电磁噪声

直流电机的定子与转子间的气隙是均匀的，定子磁极的弧长为转子槽数的整数倍。当转子运动时，其齿槽相继通过定子磁极[7]，虽然气隙磁场作用于磁极的总拉力不变，但是拉力的作用中心将前后移动，相对定子磁极来说，产生一个前后运动的振荡力，它可能激发定子磁极产生切向振动[8]。图3-2是直流电机定子磁极与转子相互作用示意图。

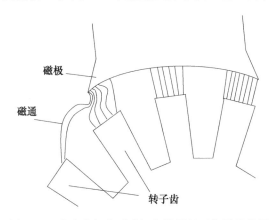

图3-2 直流电机定子磁极与转子相互作用示意图

如果磁极弧长不是转子槽距的整数倍，上述作用于磁极的前后振荡力将减小，如采用适当的配合，甚至能消除这种不平衡力[7]。但是，作用于磁极的总拉力将在转子运转过程中不断变化，使磁极受到另一种径向不平衡力的作用，并可能激发磁极的径向振动。因此，任何情况下运转的电机，其磁极振动总是存在的，或是径向的，或是切向的，也可能兼而有之[9]。

与旋转不平衡噪声一样，不平衡电磁力的振动频率为 $\frac{NR}{60}$(Hz)，其中 N 为转子槽数，R 为转子每分钟转数。振动力的大小与气隙磁通密度的平方成正比[8]。

从理论上说，降低不平衡电磁力的方法是增加气隙间距，但是增加气隙间距受磁极磁通密度的饱和程度的限制。一般最佳气隙间距对应一个最小的不平衡力[7],实际上常采用下面两种方法来降低由不平衡力引起的噪声。

一种方法是采用变化的气隙间距,使气隙由磁极中央向两个边缘逐渐增大(图3-3),使气隙磁通密度在间断位置逐渐减小,因而能降低脉动磁力[9]。一般磁极中央与磁极边缘气隙的比例取1:3或1:5。

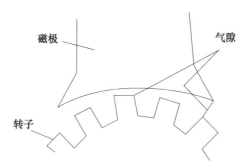

图3-3 渐变的气隙示意图

另一种方法是采用斜槽转子,其减少噪声的原理与渐变气隙的方法相似,能使磁极边的磁拉力的突然变化减小。如果同时使用两种方法,降低电磁噪声的作用更为明显。

2. 交流电机的电磁噪声

异步交流电机的电磁噪声,是由于定子与转子各次谐波相互作用而产生的,故称为槽噪声,它的大小取决于定子、转子的槽配合情况[10]。

由于电机定子、转子的谐波次数不同,所以相互作用合成的磁力波的次数也不同。从试验得知,当两个谐波相互作用产生的力波次数越低时,它的磁势幅值也越大,从而激发的振动和噪声也越强。一般一、二、三次力波的影响最严重,相比之下更高阶次的力波作用可以忽略不计。转子是实心轴状体,一般除在一次力波作用下可能产生振动以外,其他力波对它的影响不大。只有定子铁心在力波作用下振动而产生变形。定子铁心的截面呈环状,在各种力波作用下的振动或变形情况可见图3-4[10]。

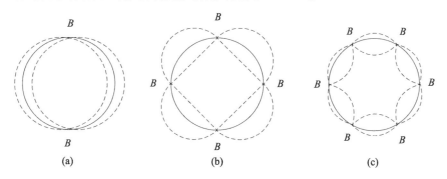

图3-4 定子铁心在各种力波作用下的振动或变形
(a)一次力波;(b)二次力波;(c)三次力波。

在一次力波作用下,定子振动但不变形;在二次、三次及高次力波作用下,则定子铁心产生弹性形变。当力波的极对数比较大时,在同一频率同一力的作用下,由于力的分散,振幅就要小得多,电磁噪声也相对减小[10]。

当一、二、三次较低阶次的力波振动频率与定子或电机外壳的固有振动频率一致时,则将产生共振,并辐射强烈的噪声[10]。这类情况需要重点避免。

交流电机除由谐波引起的槽噪声外,还有以下两种噪声:①由基波磁通引起铁心的磁致伸缩现象而产生的磁噪声。这种噪声的频率是电源频率的 2 倍,如 50 Hz 电源,由基波磁通激发的噪声频率为 100 Hz。②磁极气隙不均匀,造成定子与转子间的磁场引力不平衡,这种不平衡力就是单边磁拉力,它也能引起电磁噪声,但是这种电磁噪声频率较低,影响较小[10]。

降低电磁噪声的方法,一般是改进电机结构设计:①选择适当的槽配合;②采用斜槽转子可削弱谐波;③采用闭口齿槽,可消除或减少由于开口槽引起的高次谐波;④降低气隙磁密可减小由基波磁通和定子、转子各高次谐波的磁势幅值,以减小径向作用力;⑤增大定子、转子气隙可改善磁场的均匀性,从而减小单边磁拉力的作用;⑥提高加工精度,可使气隙均匀[11]。此外,由于电机的电磁噪声主要是由定子铁心的振动激发电机外部构件而造成的,所以,适当增加机壳的厚度,改变壳体或端盖的形状,如多加几条凸棱筋等,使其结构的固有振动减小、频率提高;或选用内阻较大的铸铁做机壳和端盖,均可降低电磁噪声的辐射能力[10]。

讨论电磁噪声的最佳案例之一是电机类设备。电磁噪声与电机的功率有较大的关系。虽然电机噪声包括电磁噪声、风扇噪声、电刷噪声、轴承噪声等,但大功率低转速的电机,以电磁噪声最为突出。

电机的电磁噪声主要有两种频率:一种是低频,由于机壳的柔性及定子与转子偏心而产生的径向脉动磁拉力,频率为 $f=f_0$,或 $2f_0$(f_0 是电机供电电网频率)[2];另一种是谐波电磁力,频率由下式确定:

$$f_i = Qni/60 + f_0 \qquad (3-14)$$

式中:Q 为定转子齿槽数。

3.3 低噪声设备

3.3.1 设备降噪的一般思路

为治理船舶机械设备的噪声问题,一方面要对这些机械设备进行有效的减隔振,减小设备振动向船体的传递;另一方面还要采用有效低噪声设备技术,降低机械设备自身的振动和噪声。减隔振的相关技术将在后续章节阐述,本章节主要聚焦低噪声设备技术。

目前,低噪声设备技术已经广泛用于船舶上的泵、风机、流体系统、阀门、支撑、电机、电站及其他各类设备、部件及系统。一般而言,低噪声设备技术至少包括以下三个方面:

1. 提高设备加工精度

从加工工艺的角度,提高加工精度是降低机械设备噪声的重要方法,实践证明,早期汽轮机齿轮箱的齿轮尺寸公差从0.1mm优化到0.01mm,该齿轮箱引起的噪声甚至可降低约30dB。

2. 根据功率需求分级使用

从需求匹配的角度,优化机械系统的功率配置,降低冗余,避免"大马拉小车"的现象,是降低机械设备噪声的途径之一。据报道,俄罗斯分析其早期核潜艇噪声高的原因之一就是:"为追求可靠性,所有机械都具有较大的功率储备,且均未在满负荷工况下工作"。

3. 采用先进工作原理

在工业基础不变的前提下,工艺提升、需求匹配的效果较为有限。如果要从更深层次解决设备噪声问题,必须从噪声机理入手,创新工作原理,提出更加先进的工作流程、装置构型等,实现设备噪声的"跨越式"降低。

船舶设备的自流冷却系统,是这类技术的典型案例。船舶内许多设备需要通过海水冷却,而海水的循环是通过循环冷却水泵实现的。由于直接与海水连通,功率较大,循环冷却水泵一直都是船舶的重要噪声源设备。但是,在美国、苏联/俄罗斯等多国的报道中,都提出了"自流冷却"的思路,即不需要循环冷却水泵,就能够实现海水循环。

如图3-5所示,通过利用船舶航行的惯性,将海水导入船体冷却水循环管路。在装置设计合理的情况下,自流冷却系统能够在很宽的航速范围内满足相关设备冷却的需要。

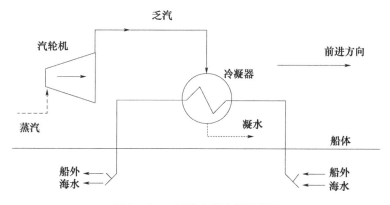

图3-5 二回路自流冷却原理图

3.3.2 低噪声设备案例

1. 自然循环反应堆

现代船舶中,核动力技术已经取得了广泛的应用,但船上的核反应堆回路需要使用泵类设备提供冷却剂循环的动力。传统核反应堆系统一般包括两个回路,即一回路和二回路系统,每条回路都包括蒸汽发生器、主泵及若干管道和阀门。正常运转时,主泵驱动冷却剂从回路的冷段进入反应堆底端,从下至上被堆芯加热,由反应堆上部流出进入蒸汽发生器,产生的蒸汽驱动汽轮机运行发电。但由于主泵的存在,显著增大了核反应堆系统的噪声(图3-6)。

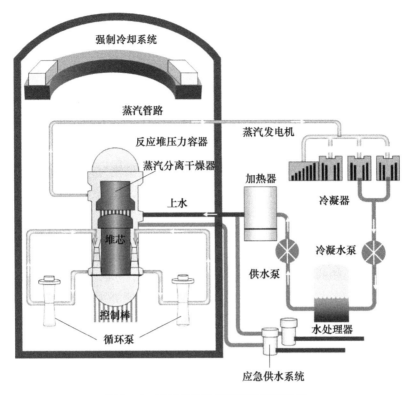

图3-6 核反应堆传统循环冷却剂系统

现代核反应堆系统通常都具备自然循环的功能,即可以在主泵停止运行的情况下,仅靠冷却剂压差使得反应堆运行。这里压差主要指两方面:一是反应堆与蒸汽发生器的位差,简单来说,蒸汽发生器位置较反应堆高,两者形成一个高度差,从而产生势能,使得从蒸汽发生器流出的冷却剂加速流向反应堆,而冷却剂经反应堆再次加热时,温度升高,冷却剂上升,由此产生循环;二是冷却剂温差,冷却剂经过蒸汽发生器,再流进反应堆时,温度相对较低,此时,较冷的冷却剂往下沉,而经反应堆再次加热后,冷却剂温度升高,并再次上浮,由此形成一种循环,温差越大,这种循环的推动力也越大,如图3-7所示。

实际应用发现,主泵不工作时,核反应堆通过热力自然循环也可以保持一定的输出功率。第一代核反应堆的自然循环工作功率为6%~15%,最高可达30%,能够满足船舶许多工况的需要。而采用自然循环,不需要机械泵,也没有复杂的管道和阀门,从源头上消除了主泵噪声。

2. 低噪声舵机

船舶操舵装置是用于驱动舵叶的动力装置,主要由传动机构、液压缸、控制阀组、液压管路、液压泵站以及集中操舵仪组成,操舵系统的组成和布置如图3-8和图3-9所示。

图3-7 自然循环示意图

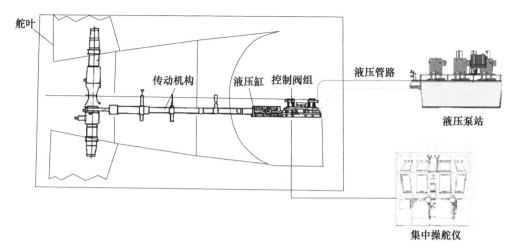

图 3-8 操舵系统组成示意图

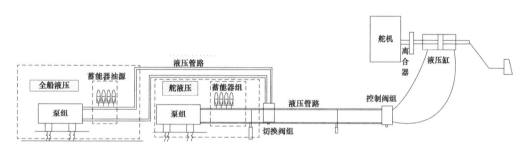

图 3-9 船舶操舵系统布置示意图

在以往的船舶设计中,大多采用半闭式伺服作动装置作为主操舵装置,并使用纯机械电动作动装置作为应急操舵装置,通常将操舵装置中的传动机构、液压缸、控制阀组布置在尾部舱室,而将液压泵站和集中操舵仪布置在首部舱室。这样的设计模式有以下三个噪声问题:①液压源和液压缸的分散布置方式使连接管路遍布全船,操舵噪声也经过管路传至各舱室,增大了舱室空气噪声;②伺服流量控制阀突然开启或换向产生强烈液压冲击,增大了操舵时的瞬态噪声;③采用小舵角和低舵速操舵方式时,主操舵装置由于功率大,出现功率与负载间"大马拉小车"的不匹配现象,增大了操舵噪声。

低噪声舵机摒弃原来的"功率液传"设计模式,而采用了"功率电传"设计模式,其伺服电机既是动力元件,又是控制元件,直接带动双向定量泵工作,驱动液压缸以一定速度运动到指定位置。同时,系统的压力、流量、位移以及速度等状态量通过传感器组实时地反馈到控制器,并由控制器调用相应的控制算法进行实时调整,以实现高精度操舵的目的(图 3-10)。

这样一来,一方面直接利用驱动电机而不是伺服阀或变量泵来实现舵机的变速、变向和变扭矩,彻底消除液压回路的节流损失,有效减少系统节流噪声,同时大大减少了"舵卡"的可能,提高了操舵装置的可靠性。另一方面,通过液压油源集成设计,取消系统管道,将集中式的全船液压系统分解为独立的现场电控操作,实现"功率电传",从源头上消除了传统液压系统固有的阀门节流、管路冲击、装置启停换向等噪声源,大幅改进船舶舵机噪声性能,提高了操舵装置的功率密度,减小了安装空间和重量。

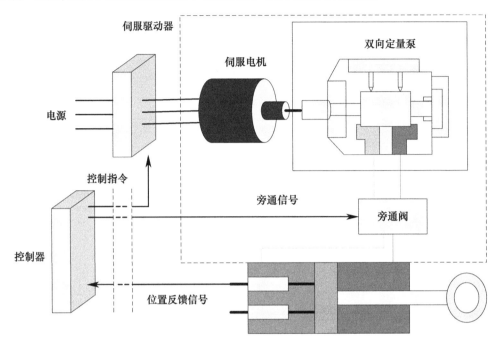

图3-10 低噪声电液操舵装置工作原理示意图

3. 内啮合齿轮泵

内啮合齿轮泵是船舶上一类非常典型的低噪声设备。齿轮泵是船舶众多液压管路系统中最为常见的液压元件之一,但其在工作时常常会产生尖锐的噪声,主要原因是齿轮泵在工作时,有一部分液压油被围困在两对轮齿啮合形成的吸、压油腔都不相通的封闭容积里,即齿轮泵的"困油"现象,当"困油"容积由大变小时,被困的液压油受挤压,压力急剧升高,远远超过齿轮泵的输出压力,被困液压油从一切可泄漏的缝隙中强行挤出,使轴和轴承承受很大的冲击载荷,并使油液发热,引起振动和噪声;而当困油容积由小变大时,形成局部真空,使油液中溶解的气体分离,产生"气穴"现象,也会带来严重的振动和噪声[12]。

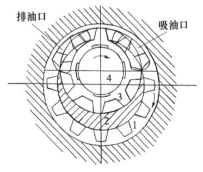

图3-11 内啮合齿轮泵示意图
1—外齿轮;2—月形板;3—内齿轮;4—驱动轴。

以往的齿轮泵大多是外啮合齿轮泵,对上述噪声的解决措施通常是在轴套(或侧板)等内部零件上开"卸荷槽",开槽的原则是在保证齿轮泵内部高、低压腔互不相通的前提下,设法使困油容积与高、低压腔相通,从而达到消除部分困油容积,降低噪声和振动[12],但这类措施仍不能完全消除齿轮泵的"尖锐"噪声。

后期研究发现,内啮合齿轮可以通过齿轮廓形设计,形成变化极小的"困油"容积,同时由于压力油可以从内齿轮底部孔引出去,使得工作时几乎没有困油区,所以内啮合齿轮的传动非常平稳,无冲击,泵的流量和压力脉动都很小,加上吸油腔进口面积大,吸油充分,不会引起气蚀现象,因而内啮合齿轮泵的噪声很低,是一种应用前景很好的齿轮泵型[12]。

3.4　小知识:核潜艇之父

核物理学家、美国海军上将海曼·乔治·里科弗(Hyman George Rickover)(图3-12)是美国核海军的奠基人,被称为"核潜艇之父"。他一生最大的贡献是在较短的时间内,把核动力装置小型化、实用化,并将它装设进空间狭小的潜艇里。

里科弗1900年出生于波兰,后在美国接受了教育并为美国工作。1946年4月,海军联合委员会向海军建议调研核动力推进器的可行性。为此,时任上校的里科弗被派往美国核研究中心——橡树岭学习核工程。起初,这个任务只是参加轻松的学术活动,但里科弗在参观了橡树岭的核反应堆设备后,立刻意识到:如果在他有生之年,海军能有一座实用的核反应堆,那一定是他自己领导的。要知道,美国海军在当时对是否要将核能用作动力还存在争论,而且,并没有建造核反应堆决策权。建造核反应堆,必须寻求美国国家原子能委员会的支持。而原子能委员会当时正在全力开展"曼哈顿"计划。

图3-12　海曼·乔治·里科弗

在橡树岭受训期间,里科弗花了很长时间考虑如何获得经费以及推行他的想法。他认为海军核反应堆应该首先应用在潜艇上,因为核动力在潜艇上应用的优势最为明显,可以使得潜艇在水下长时间航行;其次核动力装置在潜艇上应用最困难,如果在潜艇上成功应用,则表明在其他船舶上应用就会变得很容易了。同时,里科弗认为海军的第一个核反应堆项目不能由国家原子能委员会全权负责,而应该由原子能委员会和海军共同参与。因为原子能委员会大多是研究型科学家,而潜艇上应用核反应堆95%是工程技术问题。里科弗担忧若原子能委员会掌握技术决策权,他们将不会考虑核反应堆的实际作战性能(里科弗传记——《里科弗:一个人如何改写一部历史》)。当然,事实证明,里科弗的这些想法都是正确的。

在橡树岭受训结束后,里科弗不遗余力地为推行建造潜艇核反应堆的想法而奔波。1948年6月,在美国军事联络委员会的调解下,由美国原子能委员会和海军共同成立潜艇核反应堆项目的执行机构,并任命里科弗为负责人。1950年8月,美国总统批准了建造第一艘核潜艇"鹦鹉螺"号计划。同样,里科弗为执行这个计划的负责人。至此,里科弗才开始真正领导建造美国海军的第一个核反应堆和第一艘核潜艇。

在领导建造海军核反应堆和核潜艇的过程中,里科弗注重专业技术能力和装备的实际应用性能。作为核反应堆项目的行政负责人,里科弗同时也对核反应堆有着非常深刻的专业认识,甚至亲自制定了潜艇核反应堆采用压水堆冷却系统的技术路线;里科弗重视海军人员的专业技术能力,他想尽办法招募少有的优秀海军人才加入他的潜艇核反应堆研究团队,他甚至说服麻省理工学院新开设核能工程硕士学位来培养他所需要的顶级科技人才。

在潜艇核反应堆的研制过程中,里科弗不可避免地与美国原子能委员会和工业部门发生交锋。

在核反应堆的陆上原型堆设计之初,里科弗决定要将陆上原型堆直接建在一个与未来潜艇反应堆舱相同尺寸的艇体舱段内。这遭到了当时原子能委员会和工业部门的一致反对,他们认为一个全新的装备应该首先在尽可能好的条件下进行试验。但里科弗的立场很简单:核反应堆是要在真实的潜艇上应用的。最终,里科弗的这种建造思路使得美国核反应堆上艇应用缩短了5年时间。

在确定反应堆顶盖与压力容器的连接形式问题上,当时工业界和学术界最有名望的垫圈和压力容器专家都认为反应堆顶盖与压力容器用螺栓连接,并配合使用垫圈,可以提供充分的核泄漏保护,但里科弗坚持还要再加一道焊接工序,理由仅是"这样可以为防止核泄漏提供进一步保护",他通过设问这些质疑的专家"假设你们的儿子就在这艘潜艇上服役",改变了他们对反应堆顶盖固定方式的看法。

在"鹦鹉螺"号原型堆建造完毕进行满功率试验时,当试验已经完成24h后,现场所有工程专家都认为已经采集足够的试验数据了,要求停止反应堆运行,但里科弗坚持要继续使反应堆满功率运行下去。当试验运行到60h,部分仪表已经不能正常显示读数,几台设备出现异常,这时就连原子能委员会的权威人士也主张停止试验,但里科弗仍坚持继续试验。直到这个核反应堆已经模拟完成了核潜艇横渡大西洋的航行时,里科弗才下达了停止试验的命令,这最终检验了海军的第一个潜艇核反应堆已经具备使潜艇水下横渡大西洋的能力。

1954年9月30日,美国第一艘核潜艇"鹦鹉螺"号正式服役(图3-13),并在1954—1957年期间的历次训练和演习中表现突出,从此之后,美国不再建造常规动力潜艇。鉴于里科弗在核动力方面的突出贡献,他于1973年晋升为美国海军上将。

图3-13 世界第一艘核潜艇——"鹦鹉螺"号核潜艇

3.5 三类声通道

机械噪声源的振动向船体外部传递的途径,一般被称为"传递路径"(transfer path)。例如,设备振动可以通过机架、基座向其四周的船壳传播,引起船壳振动向舷外辐射噪声,也可以产生阀门、法兰脉动,通过通海管路直接向船舶舷外辐射噪声,或者是直接在船舶内部辐射空气噪声,进而激励船壳振动,并向外辐射噪声。类似的组合有很多,这些都可以被称为传递路径。

工程上,可以将船舶机械噪声源的声学传递路径,根据支撑形式的不同分为三类:

(1)支撑设备重量的结构,例如"机脚-基座-船体"等,被称为"第一声通道";

(2)不起支撑作用的结构,例如"法兰-管路"等,被称为"第二声通道";

(3)除了第一、二声通道外的其他声学传递路径,例如"机体-空气-船体"等,被称为"第三声通道"。

需要指出的是:一般而言,一台设备的振动能量,都是通过这三类声通道向外传递,且三类声通道都有贡献。传统情况下,第一声通道的振动能量传递贡献最大。但近年来,第一声通道减隔振装置技术不断取得突破,其辐射噪声的能量贡献比不断下降。部分船舶机械第二声通道的贡献已经超过了第一声通道。

在工程上,严格地分离三类声通道的贡献非常困难,实际振动传递往往是在三类声通道之间耦合进行。例如,传递路径"法兰—管路—支架—筏架—基座—船体",就是第二声通道的振动能量转移到了第一声通道。因此,三类声通道更多用于定性设计,而不是定量计算。

习 题

1. 简述第一、二、三通道的概念,并分别举例。
2. 假设某型号离心泵,5个叶片,工作转速2900r/min。需要关注的主要振动加速度线谱频率可能是哪几个?

参考文献

[1] 黄永东. 转子不平衡现象的分析[J]. 发电设备,2009,23(03):164-169.

[2] 施引,朱石坚,何琳. 船舶动力机械噪声及其控制[M]. 北京:国防工业出版社,1990.

[3] 曲冬梅,吴俊功,陈思红. 开炼机减速箱噪声分析[J]. 橡塑技术与装备,2012,38(09):13-18.

[4] 雷航. 船用钢夹层板结构的振动与声问题建模及解法研究[D]. 武汉:武汉理工大学,2015.

[5] 赵彬. 高速齿轮噪声控制研究[D]. 重庆:重庆大学,2009.

[6] 王充. 游艇舱室噪声预报与控制的研究[D]. 广州:华南理工大学,2017.

[7] 郭金刚. 汽车燃油空气加热器噪声性能研究[D]. 西安:长安大学,2004.

[8] 张宇. 大型动力机械结构噪声分析与治理[D]. 沈阳:沈阳工业大学,2006.

[9] 李亚. 离心风机振动噪声预报与控制技术研究[D]. 北京:中国舰船研究院,2019.

[10] 李帅. 牵引电机传动系统噪声与振动特性分析[D]. 大连:大连交通大学,2012.

[11] 季晓明,孟晓宏,金涛. 往复式冰箱压缩机噪声分析及控制方法综述[J]. 噪声与振动控制,2007(01):17-20.

[12] 陈文辉. 液压齿轮油泵噪声的诊断与控制[J]. 安徽职业技术学院学报,2005(01):21-23.

第4章 第一声通道控制技术(上)

4.1 单自由度振动

4.1.1 单自由度线性系统

确定系统位置所需独立坐标的个数,称为系统的自由度数。振动体的位置或形状只需用一个独立坐标来描述的系统称为单自由度系统。单自由度线性系统是最简单的振动系统,又是最基本的振动系统。这种系统在振动分析中十分重要。一方面,很多实际问题都可以简化为单自由度线性系统来处理,并直接利用该系统的研究成果来解决;另一方面,单自由度系统具有一般振动系统的一些基本特性,因此它是对多自由度系统、连续系统,乃至非线性系统进行振动分析的基础[1]。

系统仅受到初始条件(初始位移、初始速度)的激励而引起的振动称为自由振动,系统在持续外力激励下的振动称为强迫振动。自由振动问题虽然比强迫振动问题简单,但自由振动反映了系统内部结构的所有信息,是研究强迫振动的基础[1]。

首先通过一个实例来介绍单自由度系统的运动微分方程。

例:设有一质量为 m 的物体,用一根线性弹簧(即弹簧力与变形成正比)悬挂起来,弹簧的质量与 m 相比可以忽略不计,如图 4-1 所示。假定这个物体限制在垂直方向运动,那么确定此物体的位置仅需要一个坐标,因此它是单自由度线性系统。设在重力作用下,弹簧的伸长为 δ_{st},弹簧的弹性系数为 K,则

$$K\delta_{st} = mg \qquad (4-1)$$

取物体的静平衡位置 O 为坐标原点,垂直向下为 x 轴。物体的位置坐标 x 就是物体偏离静平衡位置的位移,而物体在任一位置 x 所受之力为

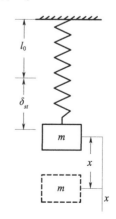

图 4-1 单自由度线性系统

$$F_x = -K(x+\delta_{st}) + mg \tag{4-2}$$

由牛顿第二定律及关系式(4-1)得运动方程

$$m\ddot{x} + Kx = 0 \tag{4-3}$$

由式(4-3)可以看出,由于坐标原点取在静平衡位置,重力与弹簧静变形所产生的弹性力相互抵消,使方程具有最简单的形式。

4.1.2 共振

1. 固有频率

4.1.1 节已经介绍了单自由度线性系统的模型。除弹簧的弹性力外没有阻力,也没有其他外力,则物体的运动方程为

$$m\ddot{x} + Kx = 0 \tag{4-4}$$

或

$$\ddot{x} + \omega_p^2 x = 0 \tag{4-5}$$

其中

$$\omega_p^2 = \frac{K}{m} \tag{4-6}$$

式(4-5)的解为

$$x = A\sin(\omega_p t + \psi) \tag{4-7}$$

式中:A 和 ψ 是由初始条件决定的常数。若在 $t=0$ 时,$x=x_0$,$\dot{x}=\dot{x}_0$,则

$$\begin{cases} A = \sqrt{x_0^2 + \left(\dfrac{\dot{x}_0}{\omega_p}\right)^2} \\ \psi = \arctan\dfrac{\omega_p x_0}{\dot{x}_0} \end{cases} \tag{4-8}$$

其运动曲线如图 4-2 所示。

由此可知,物体在弹簧力作用下的运动是简谐运动,这种运动称为无阻尼自由振动,振动中心在平衡位置,A 称为振幅,是振动物体离开平衡位置的最远距离,它表示振动的范围和强度是由初始条件决定的;$(\omega_p t + \psi)$ 称为相位,ψ 称为初相位,也是由初始条件决定的;ω_p 称为固有频率,它由系统本身的参数所确定,与初始条件无关,它是表征系统固有特性的一个很重要的物理量,ω_p 的值随着物体质量 m 的增大而降低,随着弹簧刚度增大而升高。

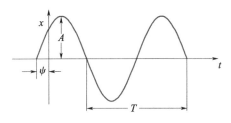

图 4-2 无阻尼自由振动曲线

物体每振动一次所需要的时间称为周期,以 T 表示,则

$$T = \frac{2\pi}{\omega_p} = 2\pi\sqrt{\frac{m}{K}} \tag{4-9}$$

物体每秒振动的次数 f 称为振动频率:

$$f = \frac{1}{T} = \frac{1}{2\pi}\sqrt{\frac{K}{m}} \qquad (4-10)$$

2. 共振

在自由振动分析中,作用在振动系统上的只有恢复力与阻尼力,且两者都与运动有关。除了上述两种力之外,如果还作用有一种与运动无关的激励力,这种由激励力所激起的运动称为强迫振动[1]。

对于理想的无阻尼系统谐波激励下的强迫振动,可以建立以下模型:设在质量弹簧系统上,作用有谐波激励力 $F_0\sin\omega t$,如图4-3所示,则物体的运动方程为

$$m\ddot{x} + Kx = F_0\sin\omega t \qquad (4-11)$$

仍用以前的记号,令 $\omega_p^2 = \frac{K}{m}$,则运动方程可写成

$$\ddot{x} + \omega_p^2 x = \frac{F_0}{m}\sin\omega t \qquad (4-12)$$

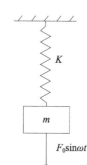

图4-3 谐波激励下的无阻尼质量弹簧系统

这是一个二阶常系数非齐次的线性微分方程,它的解由对应齐次方程的通解 $x_1 = A_1\sin\omega_p t + A_2\cos\omega_p t$ 和方程的任一特解 x_2 两部分组成。设特解 x_2 取如下形式:

$$x_2 = B\sin\omega t \qquad (4-13)$$

将式(4-13)代入式(4-12),得

$$(-m\omega^2 + K)B\sin\omega t = F_0\sin\omega t \qquad (4-14)$$

$$B = \frac{F_0}{K - m\omega^2} \qquad (4-15)$$

引入频率比 $\gamma = \frac{\omega}{\omega_p}$,得

$$x_2 = \frac{F_0}{K - m\omega^2}\sin\omega t = \frac{F_0}{K}\frac{1}{1-\gamma^2}\sin\omega t \qquad (4-16)$$

此运动方程的通解为

$$x = A_1\sin\omega_p t + A_2\cos\omega_p t + \frac{F_0}{K}\frac{1}{1-\gamma^2}\sin\omega t \qquad (4-17)$$

式中:A_1、A_2 是任意常数,由初始条件决定。设 $t=0$ 时,$x = x_0$,$\dot{x} = \dot{x}_0$,则

$$x = \frac{\dot{x}_0}{\omega_p}\sin\omega_p t + x_0\cos\omega_p t + \frac{F_0}{K}\frac{1}{1-\gamma^2}\left(\sin\omega t - \frac{\omega}{\omega_p}\sin\omega_p t\right) \qquad (4-18)$$

上式右端前两项代表由初始条件引起的自由振动,频率为 ω_p,振幅 $A = \sqrt{x_0^2 + \left(\frac{\dot{x}_0}{\omega_p}\right)^2}$;第三项即运动方程的特解,代表一个与初始条件无关、以 ω 为频率的振动,它是由激励力所引起的强迫振动;第四项表示激励力引起的自由振动。如果系统没有初始激励,即 $x_0 = \dot{x}_0 = 0$,则式(4-18)变成

$$x = \frac{F_0}{K}\frac{1}{1-\gamma^2}\left(\sin\omega t - \frac{\omega}{\omega_p}\sin\omega_p t\right) \qquad (4-19)$$

可见谐波激励下的系统,其运动是两个频率不相等的简谐运动之和,除了 ω、ω_p 可通约的情况之外,其结果已不再是周期运动了,如图 4-4 所示。

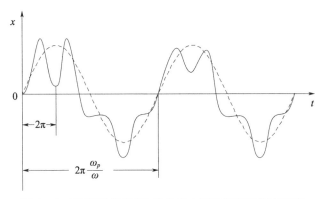

图 4-4 谐波激励下无阻尼单自由度系统强迫振动响应

如果 ω、ω_p 可以通约,系统的振动仍是周期的,图 4-5 表示 $\omega_p = 2\omega$ 时两个正弦波的合成,结果仍为一周期运动。

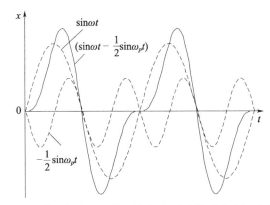

图 4-5 激励频率和系统固有频率可通约时强迫振动响应

由于阻尼总是存在的,自由振动很快会消失,因此我们关心的主要是强迫振动,即:

$$x_2 = \frac{F_0}{K} \frac{1}{1-\gamma^2} \sin\omega t \quad (4-20)$$

当 $\gamma > 1$ 时,为了保证强迫振动的振幅取正值,可将上式改写成

$$x_2 = \frac{F_0}{K} \frac{1}{\gamma^2-1} \sin(\omega t + \pi) \quad (4-21)$$

当 $\gamma > 1$,即激励频率大于固有频率时,强迫振动与激励力反相。
当 $\gamma < 1$,即激励频率小于固有频率时,强迫振动与激励力同相。
强迫振动的振幅与频率比 γ 有关,若令 $\delta_{st} = \frac{F_0}{K}$ 为激励力幅引起的静变形,则 $\frac{1}{1-\gamma^2}$ 表示激励力的动力作用,这个量的绝对值称为放大因子,记为 β,则有

$$\beta = \frac{1}{|1-\gamma^2|} \quad (4-22)$$

放大因子 β 与频率比 γ 的关系如图 4-6 所示。

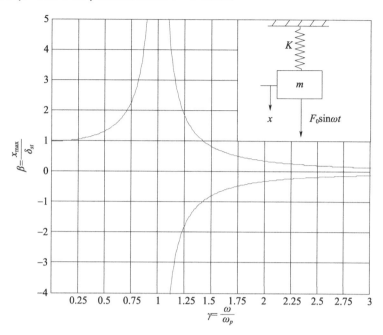

图 4-6 放大因子 β 与频率比 γ 的关系

可以看出：

(1) 当 $\omega \ll \omega_p$，即 γ 趋于 0 时，$\beta \to 1$，这表示当激励频率很低，即激励力变化很缓慢时，其动力效应与静力效应一致，可以按静力效应处理。

(2) 当 $\omega \gg \omega_p$，即 $\gamma \to \infty$ 时，$\beta \to 0$，这意味着激励力变化很快时，物体由于惯性来不及对激励作出反应，因而几乎保持不动。

(3) 当 $\omega \to \omega_p$，即 $\gamma \to 1$ 时，$\beta \to \infty$，这种现象叫作共振。此时的激励频率也称为共振频率，振幅较大的区域称为共振区。振幅为无穷大当然是不可能的，这是因为这里的结论是在无阻尼的前提下得到的。任何实际系统，或多或少总有阻尼存在。阻尼对共振振幅的影响是显著的，它使共振振幅变为有限值。再者，本书的讨论是以线性弹簧为前提的，而变形大到一定限度后，弹簧的线性假设已不再成立，因而前述结论也不再成立。即使无阻尼，而且弹簧始终保持线性，在这种理想情况下，当 $\omega = \omega_p$ 时，方程的特解也不是式(4-20)的形式，而应为

$$x_2 = -\frac{F_0 t}{2m\omega_p}\cos\omega_p t \tag{4-23}$$

即振幅随时间 t 而增大，如图 4-7 所示。强迫振动与激励力相位差 90°，许多机器，如涡轮发动机，在正常运转时，激励频率 ω（转速）远远超过固有频率 ω_p，启动与停车都要通过共振区，但由于共振振幅的增大需要一定的时间，因此只要加速或减速进行得快，一般可以顺利通过共振区而不致出现过大的振幅[1]。

对于实际的振动系统，应尽可能远离共振区工作。

图 4-7 激励频率和系统固有频率相等时强迫振动响应

4.2 减隔振的概念

一般情况下,相比于机械设备的工艺改进、原理创新,通过减隔振技术对设备的振动进行控制,难度较低。减隔振的技术途径有很多,如消振、隔振、吸振等。其中,隔振是最常用的手段之一。通过在振源和被隔振体之间串联一个隔振器,从而使得振源的能量尽量少地传递到被隔振物体上。隔振器是一种支承元件,其本质上是一个具有恢复力的弹性支承和能量损耗装置[2]。

4.2.1 单层隔振

最简单的隔振系统是单层隔振系统,由振源、隔振器和基础构成。在船舶减振降噪领域,振源一般为产生振动的机械设备,而基础可以是基座、船体或其他支撑结构。

为了简化分析,首先将实际隔振系统简化为如图 4-8 所示的简单隔振系统模型,通过该模型的动力学特性说明隔振原理。简单隔振系统模型的假设包括:①振源为一集中质量,仅具有一个运动自由度;②隔振器为一无质量弹簧,具有线性刚度和阻尼系数;③基础具有无穷大的质量和刚性。

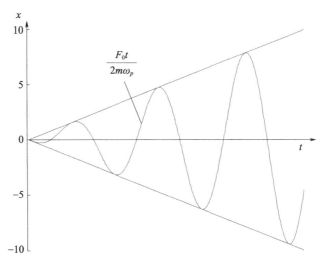

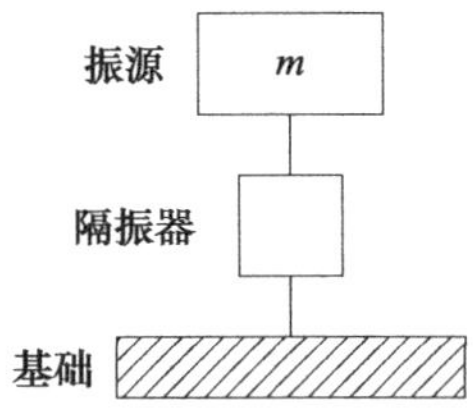

图 4-8 简单隔振系统模型

可以看到,简单隔振系统就是一个典型的单自由度振动系统,其运动方程为

$$m\ddot{x}(t) + C\dot{x}(t) + Kx(t) = F(t) \quad (4-24)$$

式中:m 为振源质量;x 为振源位移;C、K 分别为隔振器的阻尼系数和刚度;F 为振动激励力。

考虑系统受简谐激励的情况,则激励力和振源位移响应可分别记为

$$F = F_0 e^{j\omega t} \tag{4-25}$$

$$x = X e^{j\omega t} \tag{4-26}$$

其中,$\omega = 2\pi f$ 为角频率。将上式代入式(4-24)后可得振源位移

$$X = \frac{F_0}{K - \omega^2 m + j\omega C} \tag{4-27}$$

将传递到基础上的动态力记为 $F_T(t)$,结合式(4-27),可将 $F_T(t)$ 的表达式写为

$$F_T(t) = C\dot{x}(t) + Kx(t) = \frac{K + j\omega C}{K - \omega^2 m + j\omega C} F_0 e^{j\omega t} \tag{4-28}$$

记 $\omega_p = \sqrt{\dfrac{K}{m}}$ 为系统的无阻尼自由振动角频率,$\varsigma = \dfrac{C}{2\sqrt{mk}}$ 为系统的阻尼率,则上式可改写为

$$F_T(t) = \frac{1 + j2\varsigma(\omega/\omega_p)}{1 + j2\varsigma(\omega/\omega_p) - (\omega/\omega_p)^2} F_0 e^{j\omega t} \tag{4-29}$$

用力传递率 $\mathrm{VI}_F = |F_T/F|$ 来评价隔振系统的性能,根据式(4-29)可得

$$\mathrm{VI}_F = |F_T/F| = \sqrt{\frac{1 + [2\varsigma(\omega/\omega_p)]^2}{[1 - (\omega/\omega_p)^2]^2 + [2\varsigma(\omega/\omega_p)]^2}} \tag{4-30}$$

F_T 与 F 之间的相位角为

$$\psi = \arctan \frac{2\varsigma(\omega/\omega_p)^3}{[1 - (\omega/\omega_p)^2]^2 + [2\varsigma(\omega/\omega_p)]^2} \tag{4-31}$$

根据式(4-30)给出了简单隔振系统的力传递率与频率比 ω/ω_p 和阻尼率 ς 的关系曲线,如图4-9所示,从中可以得出如下结论:①$\omega/\omega_p > \sqrt{2}$ 时,$\mathrm{VI}_F < 1$,即只有当隔振系统的固有频率 ω_p 低于 $1/\sqrt{2}$ 倍激励频率时才具有隔振效果;②$\omega/\omega_p \approx 1$ 时,传递率出现峰值,即隔振系统产生共振,此时较大的阻尼率 ς 可有效地抑制共振;③$\omega/\omega_p > \sqrt{2}$ 时,阻尼对隔振有不利影响,ς 越大则 VI_F 越大。

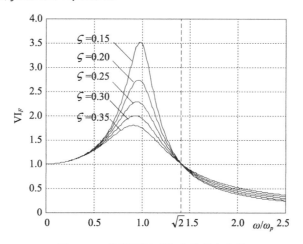

图4-9 简单隔振系统力传递率曲线

4.2.2 减隔振的分类

1. 积极隔振与消极隔振

根据隔振对象的不同,隔振技术可以分为积极隔振和消极隔振。

积极隔振:积极隔振的目的是隔离振源,即隔离机械设备本身的扰动(振动)通过其机脚、支座传至基础或基座。通过积极隔振,隔离或减小了动力的传递,使周围环境或建筑结构不受这种机械振动的影响[3]。一般动力机器、回转机械设备的隔振都属于这一类。

消极隔振:消极隔振的目的是隔离响应,即防止周围环境的扰动(振动)通过支座、机脚传到需要保护的器具、仪表。通过消极隔振,隔离或减小了运动的传递,使精密的仪表与设备不受这种基础振动的影响[3]。一般电子仪表、贵重设备、精密仪器、易损器具的隔振都属于这一类。

2. 被动隔振和主动隔振

根据是否引入次级源,隔振技术可以分为被动隔振和主动隔振。

被动隔振:橡胶隔振器、钢丝绳隔振器、气囊隔振器等传统隔振器只能被动地根据外界载荷产生变形和弹性力,因此这类装置被称为被动隔振装置。

主动隔振:主动隔振技术的原理是在受控系统中引入次级振源,通过一定的监控策略,使受控系统对次级振源的响应与主振源的响应相互抵消。船舶机械振动低频线谱突出,线谱分布反映了船舶动力装置和重要辅机的类型、转速等信息,是该船的"声指纹"特征。传统的被动隔振技术难以消除低频线谱,而主动隔振技术则可有效控制低频线谱振动。

3. 阻性减振和抗性减振

阻性减振:是指通过增加结构阻尼,将结构振动的部分能量转化为热能(热量),以达到吸收或损耗结构振动能量的目的。阻性减振是有效减小结构振幅的传统方法,例如提高结构内阻尼、在船舶结构上敷设阻尼层、使用结构吸振材料和松散吸振材料等。船舶结构声学设计中采用阻性减振技术可有效抑制船舶结构组件的共振现象,减小自激振动、偶发振动或碰撞冲击等。

抗性减振:是指通过加载惯性或弹性部件,改变系统机械阻抗,以达到降低设备及结构振动的目的。一般而言,抗性减振增加的机械阻抗值应大于系统自身阻抗。船舶上使用的大质量减振浮筏,就利用了抗性减振的原理。

4.3 减隔振的评价指标

船舶隔振大多属于积极隔振,其目的是减小机械设备等振源振动的传递。因此在隔振设计时最关心的是通过隔振,基础的振动量级衰减或控制了多少。

完整的效果评估体系应包含两方面的内容:其一是对系统的隔振效果进行理论分析预测;其二是对实际隔振效果进行测定。一般以力传递率作为隔振效果的理论预测依据;

但是对于实际效果的测定,由于力传递率是不易测量的,因而通常采用插入损失或振级落差来评定各种实际系统的隔振效果[5]。此外,安装隔振装置后被隔振设备的振动烈度会大于不安装隔振装置时的振动烈度,因此还需要考虑隔振后机组和设备的振动烈度是否在允许的范围内。

下面以一个弹性安装系统和刚性安装系统为例,如图 4 - 10 所示,来讨论力传递率、插入损失、振级落差、功率流这四个评估指标。弹性安装系统从上而下分别为设备、弹性支撑、支撑;刚性安装系统从上而下分别为设备、支撑。图中,F_1 为作用在设备上的绕动力;V_1、V_{1R} 分别为在弹性和刚性安装情况下设备的振动速度;F_2、V_2 为弹性安装时传至非刚性基础上的力以及基础的振动速度;F_{2R}、V_{2R} 为刚性安装时传至非刚性基础上的力以及基础的振动速度;Z_M、Z_I、Z_F 为设备、弹性支撑及基础的基础阻抗,均为频率的复函数[5]。

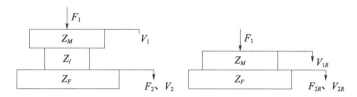

图 4 - 10　弹性及刚性安装系统示意图[5]

假定设备为一质量为 M 的刚体,隔振器为具有一定刚度 K 和阻尼 C 的理想元件,则有[5]

$$\begin{cases} Z_M = j\omega M \\ Z_I = \dfrac{K}{j\omega} + C \\ Z_F = \dfrac{F_2}{V_2} = \dfrac{F_{2R}}{V_{2R}} \end{cases} \quad (4-32)$$

用四端参数法可以分别列出弹性安装和刚性安装时输入与输出的关系式[5]

$$\begin{pmatrix} F_1 \\ V_1 \end{pmatrix} = \begin{bmatrix} 1 & Z_M \\ 0 & 1 \end{bmatrix} \begin{bmatrix} 1 & 0 \\ \dfrac{1}{Z_I} & 1 \end{bmatrix} \begin{pmatrix} F_2 \\ V_2 \end{pmatrix} \quad (4-33)$$

$$\begin{pmatrix} F_1 \\ V_{1R} \end{pmatrix} = \begin{bmatrix} 1 & Z_M \\ 0 & 1 \end{bmatrix} \begin{pmatrix} F_{2R} \\ V_{2R} \end{pmatrix} \quad (4-34)$$

4.3.1　力传递率

力传递率是最早的隔振效果评价指标,定义为传递至基础的力与激励力之比[5]。对于弹性系统,力传递率 T_A 的表达式为

$$T_A = \frac{F_2}{F_1} = \frac{Z_I Z_F}{Z_I Z_M + Z_I Z_F + Z_M Z_F} \quad (4-35)$$

当用极差(dB)表示时,常写成下列形式:

$$L_T = 20\lg \frac{1}{T_A} = 20\lg \frac{Z_I Z_M + Z_I Z_F + Z_M Z_F}{Z_I Z_F} \quad (4-36)$$

因为取了倒数,所以凡表示有衰减作用的 L_T 都大于 0。

工程上实测传递力及激励力都是非常困难的,因此一般不用实测的方法来获取力传递率,而是设法通过实测插入损失及振级落差来估算力传递率。

4.3.2 插入损失

隔振系统的插入损失定义为采取隔振措施前后基础响应的有效值之比的常用对数的 20 倍。随着所选取的基础响应的不同,相应的有位移插入损失、速度插入损失和加速度插入损失。与插入损失相对应的概念是插入响应比 R,定义为有隔振装置时基础响应与没有隔振装置时的基础响应的比值[5]。

以速度响应为例,插入响应比为

$$R = \frac{V_2}{V_{2R}} = \frac{Z_I Z_M + Z_I Z_F}{Z_I Z_M + Z_I Z_F + Z_M Z_F} \tag{4-37}$$

相应的插入损失为

$$L_I = 20\lg\frac{1}{R} = 20\lg\frac{Z_I Z_M + Z_I Z_F + Z_M Z_F}{Z_I Z_M + Z_I Z_F} \tag{4-38}$$

有时用插入响应比的倒数 $E = \frac{1}{R}$ 来评价隔振效果,E 称为隔振有效性。由于取了倒数,所以凡表示有衰减作用的 L_I 均为正值。

考虑到 $Z_F = \frac{F_2}{V_2} = \frac{F_{2R}}{V_{2R}}$,插入损失又可写为

$$L_I = 20\lg\frac{V_2}{V_{2R}} = 20\lg\frac{F_{2R}}{F_2} \tag{4-39}$$

式(4-39)定义了基于插入损失概念的力传递率。

插入损失可以通过实测来获取,但对船舶上已弹性安装好的机组,将其换装成刚性安装进行测量,实施较为困难,对于大型机组而言几乎不可能实现。

4.3.3 振级落差

振级落差定义为被隔振设备振动响应的有效值与对应基础响应的有效值之比的常用对数的 20 倍。和插入损失一样,振动响应可以是位移、速度或加速度,相应地称为位移振级落差、速度振级落差和加速度振级落差。对于单频简谐振动而言,三者是一致的。振级落差有时又被称为传输损失。与振级落差相对应的概念是振级落差比。以速度响应为例,振级落差比 D 定义为[5]

$$D = \frac{v_1}{v_2} = \frac{Z_I + Z_F}{Z_I} \tag{4-40}$$

振级落差 L_D 与振级落差比 D 的关系为

$$L_D = 20\lg(D) = 20\lg\frac{Z_I + Z_F}{Z_I} \tag{4-41}$$

当用振级表示时,有

$$L_D = 20\lg\frac{v_1/v_0}{v_2/v_0} = 20\lg\frac{v_1}{v_0} - 20\lg\frac{v_2}{v_0} = L_{v_1} - L_{v_2} \tag{4-42}$$

式中：L_{v_1} 及 L_{v_2} 是隔振器上下方的振动速度级；v_0 是基准速度，$v_0 = 1\text{mm/s}$。

振级落差的测量比较容易实现，也是工程中用得最多的。

4.3.4 功率流

若记 $F(t)$ 为作用于结构某点处的外力，而 $v(t)$ 为该点的速度响应，则输入该结构的功率为 $P = F(t)v(t)$。按时间平均的功率称为振动流功率[6]，即

$$P = \frac{1}{T}F(t)v(t)\int_0^T |F|\cdot|v|\,\mathrm{d}t \tag{4-43}$$

这是功率流的基本定义。

若激振力 $F(t)$ 和响应 $v(t)$ 均为简谐的，可记 $F = |F|\mathrm{e}^{\mathrm{j}\omega t}$，$v = |v|\mathrm{e}^{\mathrm{j}\omega(t+\phi)}$，则式(4-43)右边可以积出，功率流可表述为激振频率 ω 的函数[6]

$$P = \frac{\omega}{2\pi}\int_0^{2\pi/\omega}\mathrm{Re}\{F\}\cdot\mathrm{Re}\{v\}\,\mathrm{d}t = \frac{1}{2}|F||v|\cos\phi \tag{4-44}$$

或

$$P = \frac{1}{2}\mathrm{Re}\{Fv^*\} = \frac{1}{2}\mathrm{Re}\{F^*v\} \tag{4-45}$$

式中：F^* 与 v^* 分别为 F 和 v 的共轭复函数。若又记 M 为结构在 F 作用点处的导纳[6]，则式(4-45)还可写作

$$P = \frac{1}{2}|F|^2\mathrm{Re}\{M\} = \frac{1}{2}|v|^2\mathrm{Re}\left\{\frac{1}{M}\right\} \tag{4-46}$$

若 $F(t)$ 为一随机力，且其谱密度为 G_{FF}，其作用点处的响应速度的谱密度为 G_{vv}，力与速度的互谱密度为 G_{Fv}，则可得到输入结构的功率流谱密度（即单位密度的按时间平均的输入功率）

$$P = G_{FF}\mathrm{Re}\{M\} = G_{vv}\mathrm{Re}\left\{\frac{1}{M}\right\} = \mathrm{Re}\{G_{Fv}\} \tag{4-47}$$

4.4 双自由度振动与双层隔振

4.4.1 双自由度线性系统

需要用两个独立坐标来描述其运动的振动系统，称为双自由度系统。虽然单自由度系统相对简单方便，但工程中大量的复杂振动系统往往只能简化成多自由度系统，才能反映实际问题的物理本质，如双层隔振系统等，或者同一个系统由于需要考虑的问题不同而需要简化成不同自由度数的系统，如船体振动，仅考虑上下振动时它是单自由度系统，如

果还需要考虑俯仰振动则它是一个双自由度系统。双自由度系统是多自由度系统的一个最简单的特例,与单自由度系统相比,双自由度系统具有一些本质上的新概念,需要新的分析方法,而由双自由度系统到更多自由度系统,则主要是量的扩充,在问题的表述、求解的方法以及最主要的振动性态上没有本质的区别[1]。

一个典型的双自由度振动系统的力学模型如图 4-11(a)所示,质量 m_1、m_2 分别用弹簧 k_1、k_2、k_3 及阻尼 c_1、c_2、c_3 联结,可沿光滑水平面左右运动,其中弹簧 k_1、k_3 及阻尼 c_1、c_3 的一端被固定,因此在质量 m_1、m_2 上分别作用有力 F_1、F_2,以 x_1、x_2 表示质量 m_1、m_2 偏离各自平衡位置(即弹簧无变形时的位置)的位移,质量 m_1、m_2 在任一位置所受的力如图 4-11(b)所示。

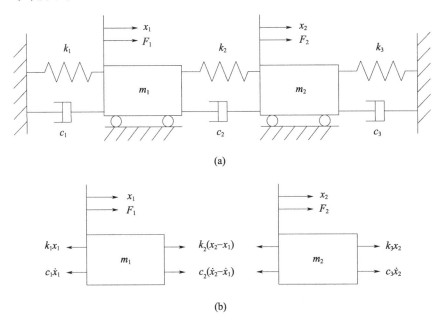

图 4-11 双自由度振动系统的力学模型

由牛顿第二定律得质量 m_1、m_2 的运动方程:

$$m_1\ddot{x}_1(t) = -c_1\dot{x}_1(t) + c_2[\dot{x}_2(t) - \dot{x}_1(t)] - k_1x_1(t) + k_2[x_2(t) - x_1(t)] + F_1(t)$$
$$m_2\ddot{x}_2(t) = -c_3\dot{x}_2(t) + c_2[\dot{x}_1(t) - \dot{x}_2(t)] - k_3x_2(t) + k_2[x_1(t) - x_2(t)] + F_2(t)$$

(4-48)

移项,得

$$m_1\ddot{x}_1(t) + (c_1 + c_2)\dot{x}_1(t) - c_2\dot{x}_2(t) + (k_1 + k_2)x_1(t) - k_2x_2(t) = F_1(t)$$
$$m_2\ddot{x}_2(t) + (c_2 + c_3)\dot{x}_2(t) - c_2\dot{x}_1(t) + (k_2 + k_3)x_2(t) - k_2x_1(t) = F_2(t)$$

(4-49)

在式(4-49)中,坐标 $x_1(t)$ 和 $x_2(t)$ 是耦合的,m_1 和 m_2 的运动通过耦合项相互影响。显然,当耦合项是零时,即 $c_2 = k_2 = 0$ 时,原来的双自由度系统就成为了两个单自由度系统。

对于多自由度系统的振动分析,一般采用下面的方法来解除坐标耦合[7]。

将式(4-49)写成矩阵形式,即

$$\begin{bmatrix} m_1 & 0 \\ 0 & m_2 \end{bmatrix} \begin{Bmatrix} \ddot{x}_1(t) \\ \ddot{x}_2(t) \end{Bmatrix} + \begin{bmatrix} c_1+c_2 & -c_2 \\ -c_2 & c_2+c_3 \end{bmatrix} \begin{Bmatrix} \dot{x}_1(t) \\ \dot{x}_2(t) \end{Bmatrix} + \begin{bmatrix} k_1+k_2 & -k_2 \\ -k_2 & k_2+k_3 \end{bmatrix} \begin{Bmatrix} x_1(t) \\ x_2(t) \end{Bmatrix} = \begin{Bmatrix} F_1(t) \\ F_2(t) \end{Bmatrix}$$

(4-50)

设

$$\begin{bmatrix} m_1 & 0 \\ 0 & m_2 \end{bmatrix} = \boldsymbol{m}, \begin{bmatrix} c_1+c_2 & -c_2 \\ -c_2 & c_2+c_3 \end{bmatrix} = \boldsymbol{c}, \begin{bmatrix} k_1+k_2 & -k_2 \\ -k_2 & k_2+k_3 \end{bmatrix} = \boldsymbol{k}$$

$$\begin{Bmatrix} x_1(t) \\ x_2(t) \end{Bmatrix} = \{x(t)\}, \begin{Bmatrix} F_1(t) \\ F_2(t) \end{Bmatrix} = \{F(t)\}$$

则式(4-50)可简化写为

$$\boldsymbol{m}\{\ddot{x}(t)\} + \boldsymbol{c}\{\dot{x}(t)\} + \boldsymbol{k}\{x(t)\} = \{F(t)\} \quad (4-51)$$

式中:常数矩阵 $\boldsymbol{m}$、$\boldsymbol{c}$、$\boldsymbol{k}$ 分别称为质量矩阵、阻尼矩阵和刚度矩阵,它们都是对称矩阵。二维向量$\{x(t)\}$、$\{F(t)\}$分别称为位移向量和激振力向量。注意,这里的向量是一种广义向量,只是一种同类量的组合和排列[7]。

下面首先考虑无阻尼系统的自由振动情况,即 $c_1 = c_2 = c_3 = 0$,$F_1(t) = F_2(t) = 0$,则运动方程变成

$$\begin{cases} m_1\ddot{x}_1 + (K_1+K_2)x_1 - K_2 x_2 = 0 \\ m_2\ddot{x}_2 - K_2 x_1 + (K_2+K_3)x_2 = 0 \end{cases} \quad (4-52)$$

它的解有如下形式:

$$\begin{cases} x_1 = X_1 \sin(\omega_p t + \psi) \\ x_2 = X_2 \sin(\omega_p t + \psi) \end{cases} \quad (4-53)$$

式中:振幅 X_1、X_2,频率 ω_p 与相角 ψ 都是未知的,将式(4-51)代入式(4-50),得

$$\begin{cases} [(K_1+K_2-m_1\omega_p^2)X_1 - K_2 X_2]\sin(\omega_p t + \psi) = 0 \\ [-K_2 X_1 + (K_2+K_3-m_2\omega_p^2)X_2]\sin(\omega_p t + \psi) = 0 \end{cases} \quad (4-54)$$

要使上式在任何瞬时都成立,必须有

$$\begin{cases} (K_1+K_2-m_1\omega_p^2)X_1 - K_2 X_2 = 0 \\ -K_2 X_1 + (K_2+K_3-m_2\omega_p^2)X_2 = 0 \end{cases} \quad (4-55)$$

这是式(4-51)中的 X_1、X_2、ω_p 所应满足的关系,它是关于 X_1、X_2 的线性齐次方程,要使 X_1、X_2 有非零解,须有

$$\begin{vmatrix} K_1+K_2-m_1\omega_p^2 & -K_2 \\ -K_2 & K_2+K_3-m_2\omega_p^2 \end{vmatrix} = 0 \quad (4-56)$$

即

$$m_1 m_2 \omega_p^4 - [m_1(K_2+K_3) + m_2(K_1+K_2)]\omega_p^2 + K_1 K_2 + K_2 K_3 + K_3 K_1 = 0 \quad (4-57)$$

这是关于 ω_p^2 的二次方程,称为振动系统的频率方程,据此便可以确定式中的 ω_p,它的两个根为

$$\omega_{p1,2}^2 = \frac{1}{2a_1}[-a_2 \pm \sqrt{a_2^2 - 4a_1 a_3}] \quad (4-58)$$

式中

$$\begin{cases} a_1 = m_1 m_2 \\ a_2 = -[m_1(K_2 + K_3) + m_2(K_1 + K_2)] \\ a_3 = K_1 K_2 + K_2 K_3 + K_3 K_1 \end{cases} \quad (4-59)$$

可以证明 ω_{p1}^2、ω_{p2}^2 都是正的实数,因此,ω_{p1}^2、ω_{p2}^2 为实数,称为系统的固有频率或自然频率。对于在稳定平衡位置附近作微振动的系统来说,频率方程的根永远是正实数,因此双自由度系统至多有两个固有频率[1]。

由式(4-58)可知,固有频率 ω_{p1}^2、ω_{p2}^2 的值完全决定于系统的参数(质量 m 和刚度 K 等)。将 ω_{p1}^2、ω_{p2}^2 的值代入式(4-55),可得振幅 X_1 和 X_2 的两个比值

$$\left(\frac{X_2}{X_1}\right)_1 = \frac{X_{12}}{X_{11}} = \frac{K_1 + K_2 - m_1 \omega_{p1}^2}{K_2} = \frac{K_2}{K_2 + K_3 - m_2 \omega_{p1}^2} = \mu_1 \quad (4-60)$$

$$\left(\frac{X_2}{X_1}\right)_2 = \frac{X_{22}}{X_{21}} = \frac{K_1 + K_2 - m_1 \omega_{p2}^2}{K_2} = \frac{K_2}{K_2 + K_3 - m_2 \omega_{p2}^2} = \mu_2 \quad (4-61)$$

但相角 ψ 没有这类关系。因此对于每个频率,式(4-52)都有形如式(4-53)的一组解,例如对于频率 ω_{p1},有

$$\begin{cases} x_{11} = X_{11} \sin(\omega_{p1} t + \psi_1) \\ x_{12} = X_{12} \sin(\omega_{p1} t + \psi_1) = \mu_1 X_{11} \sin(\omega_{p1} t + \psi_1) \end{cases} \quad (4-62)$$

对于频率 ω_{p2},有

$$\begin{cases} x_{21} = X_{21} \sin(\omega_{p2} t + \psi_2) \\ x_{22} = X_{22} \sin(\omega_{p2} t + \psi_2) = \mu_2 X_{21} \sin(\omega_{p2} t + \psi_2) \end{cases} \quad (4-63)$$

由式(4-60)、式(4-61)可以验证 $\mu_1 > 0$,$\mu_2 < 0$,这表明当系统按式(4-62)振动时,质量 m_1、m_2 的振幅比 $\mu_1 > 0$,即两个质量的运动方向相同;当系统按式(4-63)振动时,质量 m_1、m_2 的振幅比 $\mu_2 < 0$,即两个质量的运动方向相反,这两种形式的振动称为主振动。由于振型完全由振幅比确定,所以有时也称振幅比为振型,对应于低频 ω_{p1}($\omega_{p1} < \omega_{p2}$)的振动称为第一振型振动或低频振型振动,以高频 ω_{p2} 进行的主振动称为第二振型振动或高频振型振动。

将式(4-60)、式(4-61)这两组特解叠加,便得到通解

$$\begin{cases} x_1 = X_{11} \sin(\omega_{p1} t + \psi_1) + X_{21} \sin(\omega_{p2} t + \psi_2) \\ x_2 = \mu_1 X_{11} \sin(\omega_{p1} t + \psi_1) + \mu_2 X_{21} \sin(\omega_{p2} t + \psi_2) \end{cases} \quad (4-64)$$

式中:频率 ω_{p1}、ω_{p2} 以及振幅比 μ_1、μ_2 都是由系统的参数(质量 m 和刚度 K)决定的,是系统本身的固有特征;X_{11}、X_{21}、ψ_1、ψ_2 是四个任意常数,由运动的初始条件确定,例如,当 $t=0$ 时,有

$$\begin{cases} x_1(0) = x_{10}, x_2(0) = x_{20} \\ \dot{x}_1(0) = \dot{x}_{10}, \dot{x}_2(0) = \dot{x}_{20} \end{cases} \quad (4-65)$$

则 X_{11}、X_{21}、ψ_1、ψ_2 满足

$$\begin{cases} X_{11} \sin\psi_1 + X_{21} \sin\psi_2 = x_{10} \\ \mu_1 X_{11} \sin\psi_1 + \mu_2 X_{21} \sin\psi_2 = x_{20} \\ X_{11} \omega_{p1} \sin\psi_1 + X_{21} \omega_{p2} \sin\psi_2 = \dot{x}_{10} \\ \mu_1 X_{11} \omega_{p1} \sin\psi_1 + \mu_2 X_{21} \omega_{p2} \sin\psi_2 = \dot{x}_{20} \end{cases} \quad (4-66)$$

由此解出

$$\begin{cases} X_{11} = \dfrac{\sqrt{(\mu_2 x_{10} - x_{20})^2 + \dfrac{(\mu_2 \dot{x}_{10} - \dot{x}_{20})^2}{\omega_{p1}^2}}}{|\mu_1 - \mu_2|} \\ X_{21} = \dfrac{\sqrt{(-\mu_2 x_{10} + x_{20})^2 + \dfrac{(-\mu_2 \dot{x}_{10} + \dot{x}_{20})^2}{\omega_{p2}^2}}}{|\mu_1 - \mu_2|} \\ \tan\psi_1 = \dfrac{\mu_2 x_{10} - x_{20}}{\mu_2 \dot{x}_{10} - \dot{x}_{20}} \omega_{p1} \\ \tan\psi_2 = \dfrac{-\mu_2 x_{10} + x_{20}}{-\mu_2 \dot{x}_{10} + \dot{x}_{20}} \omega_{p2} \end{cases} \quad (4-67)$$

将所求出的 X_{11}、X_{21}、ψ_1、ψ_2 的值代入式(4-64),便得到了系统对初值的响应。

根据不同的初始条件,由式(4-64)便得系统一组不同的特解,即系统的一个特定的振动,这个振动是两个主振动的叠加,除了 ω_{p1}、ω_{p2} 可以通约的情况外,已不再是谐波运动了。

在特定的初始条件下,系统也可以按主振型之一振动,如图 4-11 所示系统,若 $m_1 = m_2 = m$,$K_1 = K_2 = K_3$,则有 $\omega_{p1} = \sqrt{\dfrac{K}{m}}$,$\omega_{p2} = \sqrt{\dfrac{3K}{m}}$,$\mu_1 = 1$,$\mu_2 = -1$。

当初始条件为 $x_{10} = 1, x_{20} = 1, \dot{x}_{10} = \dot{x}_{20} = 0$ 时,由式(4-67)可得 $X_{11} = 1, \psi_1 = \dfrac{\pi}{2}$,$X_{21} = 0$,因而系统的运动为

$$\begin{cases} x_1 = X_{11} \sin(\omega_{p1} t + \psi) = \cos\omega_{p1} t \\ x_2 = \mu_1 X_{11} \sin(\omega_{p1} t + \psi) = \cos\omega_{p1} t \end{cases} \quad (4-68)$$

这表明系统将按第一振型振动,两个质量作完全相同的振动,中间的弹簧 k_2 不受力。

同样若取初值为 $x_{10} = 1, x_{20} = 1, \dot{x}_{10} = \dot{x}_{20} = 0$,则得系统的运动为

$$\begin{cases} x_1 = \cos\omega_{p2} t \\ x_2 = -\cos\omega_{p2} t \end{cases} \quad (4-69)$$

即系统按第二振型振动,两个质量或相互远离,或相互靠近,中间弹簧 k_2 的中点将始终保持不动。

4.4.2 模态

当无阻尼双自由度系统做自由振动时,在特定的初始条件下,系统可按主振型之一做同步简谐运动。将式(4-60)和式(4-61)中的振幅用向量形式来表示,

$$\begin{aligned} \{\mu^{(1)}\} &= \begin{Bmatrix} X_{12} \\ X_{11} \end{Bmatrix} = X_{11} \begin{Bmatrix} \mu_1 \\ 1 \end{Bmatrix} \\ \{\mu^{(2)}\} &= \begin{Bmatrix} X_{22} \\ X_{21} \end{Bmatrix} = X_{21} \begin{Bmatrix} \mu_2 \\ 1 \end{Bmatrix} \end{aligned} \quad (4-70)$$

$\{\mu^{(1)}\}$ 和 $\{\mu^{(2)}\}$ 称为系统的模态向量。每一个模态向量和相应的自然频率构成系统

的一个自然模态，$\{\mu^{(1)}\}$对应于较低的自然频率ω_{p1}，它们组成第一阶模态，$\{\mu^{(2)}\}$和ω_{p2}则构成第二阶模态。双自由度系统正好有两个自然模态，它们代表了两种形式的同步运动。系统的模态数一般与其自由度数相等[7]。

从某种意义上来说，振动中的"模态"，好比矩阵中的"基"，信号中的"正弦波"。任何复杂的振动，都可以分解为其若干模态振动的叠加。采用傅里叶变换的方法，将复杂的信号分解成若干频率正弦波的叠加，其目的是降低信号分析的难度。同样的道理，利用模态求解振动问题，很多时候，旨在最大程度上实现问题的简化。

4.4.3 双层隔振

为了克服单层隔振装置高频隔振效果差的缺点，20世纪60年代发展出了双层隔振技术，其特点是在设备和基座之间安装两层隔振器，并在两层隔振器之间插入中间质量块，利用中间质量可衰减一部分上层隔振器传递来的振动，从而提高隔振效果[4]，如图4-12所示。

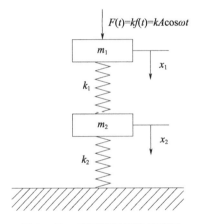

图4-12 双层隔振系统示意图

首先考虑无阻尼双自由度双层隔振系统的简单情况，假设隔振器为线性弹簧，基础为刚性，系统运动方程为

$$\begin{cases} m_1\ddot{x}_1 + K_1(x_1 - x_2) = F_0\sin\omega t \\ m_2\ddot{x}_2 + K_1(x_2 - x_1) + F_2 x_2 = 0 \end{cases} \quad (4-71)$$

记$\omega_{p1} = \sqrt{K_1/m_1}$，$\omega_{p2} = \sqrt{K_2/m_2}$，质量比$\mu_{21} = m_2/m_1$，可求得

$$\begin{aligned} x_1 &= A\sin\omega t \\ x_2 &= B\sin\omega t \end{aligned} \quad (4-72)$$

式中

$$A = \frac{\mu_{21}\omega_{p1}^2 + \omega_{p2}^2 - \omega^2}{(\omega_{p1}^2 - \omega^2)(\omega_{p2}^2 - \omega^2) - \mu_{21}\omega_{p1}^2\omega^2} \frac{F_0}{m_1}$$

$$B = \frac{\mu_{21}\omega_{p1}^2}{(\omega_{p1}^2 - \omega^2)(\omega_{p2}^2 - \omega^2) - \mu_{21}\omega_{p1}^2\omega^2} \frac{F_0}{m_1} \quad (4-73)$$

下层隔振器传递给基座的力的最大值为 $F_{T0}=k_2B$。因此可得系统的力传递率为

$$\mathrm{VI}=\frac{F_{T0}}{F_0}=\left|\frac{1}{\omega_{p1}^2\omega_{p2}^2}\omega^4-\left(\frac{1}{\omega_{p1}^2}-\frac{1}{\omega_{p2}^2}-\frac{1}{\mu_{21}\omega_{p2}^2}\right)\omega^2+1\right|^{-1} \quad (4-74)$$

令式(4-74)的分母为0,可求得系统的两个固有频率,在固有频率附近,VI→∞。要系统为有效隔振,即 VI<1,应使系统的两个固有频率均低于$\sqrt{2}$倍的激励频率。从这一点来看,双层隔振系统的设计要比单层隔振系统困难。

由式(4-74)可知,在高频段双层隔振系统的力传递率 VI∝$1/\omega^4$,而单层隔振系统则是 VI∝$1/\omega^2$,也就是说,双层隔振系统的隔振效果随频率的增加而增长的速度,比单层隔振系统的增长速度要快得多,因此利用双层隔振系统来提高隔振效果是相当有利的,而且具有更高的隔离高频振动的能力[5]。

上述分析没有考虑中间质量块的弹性,仅考虑了它的惯性效应,实际上高频时,中间质量块的弹性是不能忽略的。图4-13为一双层隔振系统的力传递率曲线,其基本参数为:质量比$\mu_{21}=0.2$,与中间质量块材料的弹性模量有关的迟滞阻尼因子为0.1,与隔振器中的弹性材料的切变量模态有关的迟滞阻尼因子为0.01。其中虚线是一个单层隔振系统的力传递率,在高频时以每倍频程12dB的速率下降。其他三根曲线分别表示当频率比$\gamma_{12}=\omega_{p1}/\omega_{p2}=20$(实线)、40(点画线)及∞(点线)时双层隔振系统的力传递率。当$\gamma_{12}\to\infty$,即中间质量块为理想刚体时,力传递率以每倍频程24dB的最快速率下降。当γ_{12}为有限值时,在共振频率ω_{p2}的整倍数处,出现力传递率的峰值,各波谷的包络线以每倍频程18dB的速率下降。

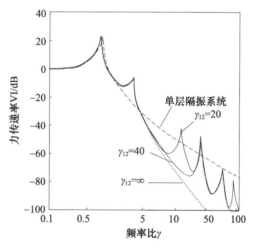

图4-13 双层隔振系统力传递率曲线

从图可以看出,双层隔振系统在低频阶段并不比单层隔振系统优越,相反,由于双层隔振系统在低频区域有两个固有频率,因此隔振效果还低于单层隔振系统。但是在高于系统的第二阶固有频率的区段,其力传递率的下降速率比单层隔振系统的要快得多。所以在高频区段,双层隔振系统的隔振效果比单层隔振系统的隔振效果要优越得多,很适宜作为水声隐身性能要求较高的舰船上的动力设备的隔振装置[5]。

习 题

1. 某船舶设备有 4 个机脚,振级分别为 100dB、101dB、102dB 和 103dB,通过隔振器减振后,基座平均振级为 92dB,利用"多个噪声级的平均"来进行计算,请问该隔振系统振级落差为多少?

2. 简述单层隔振、双层隔振的异同。

参考文献

[1] 何琳,帅长庚. 振动理论与工程应用[M]. 北京:科学出版社,2015.

[2] 何兆麒. 柴油机非线性隔振系统隔振性能分析[D]. 大连:大连海事大学,2013.

[3] 李晓明. 舰船浮筏系统隔振及抗冲击特性研究[D]. 大连:大连理工大学,2008.

[4] 何琳,徐伟. 舰船隔振装置技术及其进展[J]. 声学学报,2013,38(02):128-136.

[5] 朱石坚,何琳. 船舶机械振动控制[M]. 北京:国防工业出版社,2006.

[6] 夏仕朝. 空气弹簧隔振系统载荷分配优化研究[D]. 西安:西安电子科技大学,2008.

[7] 师汉民,黄其柏. 机械振动系统——分析·建模·测试·对策[M]. 武汉:华中科技大学出版社,2013.

第5章 第一声通道控制技术(下)

5.1 减隔振元器件

5.1.1 隔振器基本功能

可以承受载荷并且减小振动传递的弹性元件就是隔振器。它的主要功能包括两方面:减小振动传递,承担载荷。

1. 减小振动传递

隔振器依靠其材料的弹性和阻尼来减小振动的传递。如图 5-1 所示,其中弹性可以减小设备和基础之间动态力和机械波的传递,阻尼可以损耗高频振动的能量。

2. 承担载荷

1)设备的重量载荷

这是一种始终作用在隔振器上的静态载荷,如图 5-2 中符号 G 所示。

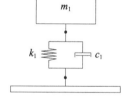

图 5-1 隔振器的力学模型

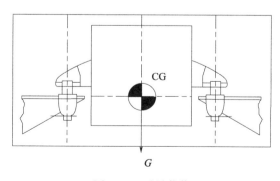

图 5-2 重量载荷

2) 设备的振动载荷

设备振动会产生振动载荷,其幅值与重量载荷相比通常要小得多,但因为它是动态载荷,可能会引起隔振器材料的疲劳损坏,如图 5-3 中符号 F_d 所示。

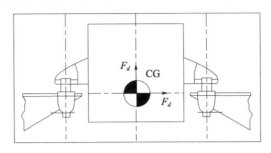

图 5-3 振动载荷

3) 船舶运动引起的附加载荷

隔振器在设备重量的作用下通常是被压缩的。船舶在倾斜、摇摆的时候,设备一侧的隔振器受到附加载荷,会被进一步压缩,承受更大的载荷。而另一侧隔振的压缩载荷会减轻,甚至在大角度摇摆时,变为拉伸载荷,如图 5-4 中符号 F_m 所示。拉伸载荷对于很多隔振器而言,是非常危险的载荷,甚至可能引起隔振器损坏。

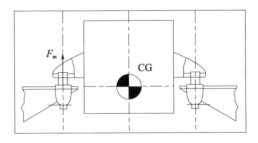

图 5-4 运动引起的附加载荷

4) 冲击载荷

当船舶遇到恶劣海况或是爆炸冲击时,基座结构就会传递给隔振器冲击载荷,其最大值可能会达到设备重量的几倍甚至十几倍,如图 5-5 中符号 F_s 所示。对于隔振器而言,是其承受的最危险的载荷。

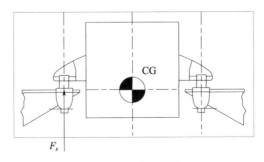

图 5-5 冲击载荷

5.1.2 隔振器主要性能参数

1. 载荷

额定载荷:隔振器在正常工作状态下所能承受的最大载荷。实际使用时,尽量不超过额定载荷。

最大允许瞬时载荷:隔振器允许短时间内承受的,并且不发生断裂、损坏和超量残余变形的最大载荷。

2. 变形

额定载荷静变形:隔振器在额定载荷下产生的静态变形量。

最大允许变形:隔振器在最大允许载荷的作用下产生的变形量。

蠕变:一个不超过额定载荷的外力长期作用于隔振器,随着时间的增长,变形会缓慢增加,如图5-6所示。这会导致被支撑设备的工作高度发生比较明显的变化。对于有些设备这种工作高度变化是不允许的。

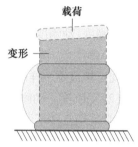

图5-6 施加载荷后隔振器产生变形示意图

3. 刚度

隔振器最重要的参数是刚度,定义是作用在隔振器上力的增量与变形量之比。假设隔振器的力和变形之间是线性关系,如图5-7所示。

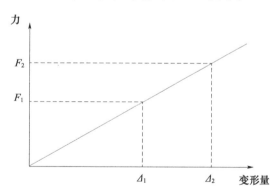

图5-7 隔振器力与变形量的线性关系

变形量从 Δ_1 增加到 Δ_2,力从 F_1 增加到 F_2,那么刚度就是

$$k = \frac{F_2 - F_1}{\Delta_2 - \Delta_1} \tag{5-1}$$

即图5-7中这条直线的斜率。

大多数隔振器的变形量与作用力之间关系都不完全是线性的,而在大变形时完全是非线性的,故不同变形量下的刚度是不同的。这时刚度就是曲线某一点切线的斜率,也就是弹性力 F 对变形量 Δ 的异数(图5-8)。

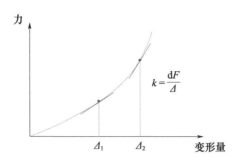

图 5-8 隔振器力与变形量的非线性关系

每一种隔振器,当它的变形速度不同时,力和变形的关系也是不同的。于是就对应产生了静刚度、动刚度、冲击刚度的概念。

(1) 静刚度。静刚度是隔振器在静态载荷作用下,测量得到的力和变形特性。隔振器的变形幅值不一样时,测得的静刚度也不同。

(2) 动刚度。动刚度是隔振器在动态载荷作用下,测量得到的力和变形特性。测量时,通常采用几种不同频率和不同振幅的动态载荷。

(3) 冲击刚度。冲击刚度是隔振器在冲击情况下,测量得到的力和变形特性。

4. 固有频率

得到动刚度后,利用下式就可计算固有频率:

$$f_0 = \frac{1}{2\pi}\sqrt{\frac{k_d}{m}} \tag{5-2}$$

式中:k_d 为隔振器的动刚度;m 为隔振器的额定载荷。

船舶设备隔振器的固有频率一般都比较低,通常低于10Hz。隔振器的固有频率越低,隔振器越软,一般情况下隔振效果越好。

隔振器在不同方向具有不同的固有频率。某些隔振器,如钢丝绳隔振器在不同幅值的激励情况下固有频率是不同的。

5. 阻尼

阻尼是隔振器变形过程中与速度或位移有关的一种能量耗散。不同场合和不同测试方法往往有不同的表示方法,它们在一定范围内可换算。但是在隔振设计中最常用的是"阻尼比"。阻尼比是指在黏性阻尼系统中,实际阻尼系数与临界黏性阻尼系数的比值。

6. 机械阻抗

机械阻抗是指线性定常机械系统中动态激励力 F 与响应速度 v 之比。它是在频域中用振动响应和激励力的关系来描述系统的固有特性。

7. 使用寿命

使用寿命是指隔振器从制造到报废的持续使用时间。船舶隔振器的使用寿命通常要求 10 年以上;对于特殊环境下使用的隔振器,比如非常难以更换的隔振器,使用寿命可能会要求长达 30 年。

5.1.3 船舶隔振器选用原则

载荷、变形、刚度、固有频率、阻尼比等是描述隔振器性能的通用参数。而对于类似潜艇、舰船等特殊船舶的设备隔振器,还有一些其他的特殊要求[1]。

1. 要具备良好的低频段隔振性能

为了在低频段获得更好的隔振效果,其设备隔振器的固有频率一般都比较低,通常低于10Hz,并且要求在10Hz~10kHz的频率范围内都要具有良好的隔振效果。

2. 结构尺寸小,承载能力大

由于舱室能够提供的隔振器安装空间一般都很狭小,所以要求隔振器的尺寸尽可能小,而且越小越好。另外,被隔振设备的质量比较大,比如一台大型发电机组,质量可达100t以上,所以要求隔振器的承载能力要比较大。结构尺寸小和承载能力大是两个互相矛盾的要求,因此对潜艇、舰船等特殊船舶的隔振器设计和制造,提出了很高的要求。

3. 强度高

军用船舶有遭受爆炸冲击的风险,在冲击载荷的作用下,隔振器承受的冲击载荷可能达到正常载荷的15倍以上。而且,垂向、横向、纵向三个方向都必须承受冲击载荷,所以隔振器必须具有很高的强度,才能承受这么大的冲击载荷。

4. 满足环境条件

耐高低温、耐盐雾、油、霉菌和海水的腐蚀;耐空气和紫外线老化;无毒性,对人体无害;阻燃性,不易被引燃烧毁,等等。另外,可能还有些特殊的要求,比如,蒸汽设备和管路的温度可能达到200℃以上,反应堆舱还有耐辐照剂量的要求,等等。

5. 可靠性高、可维修性好、寿命长

一般来说,隔振器应该在全寿命期内无故障或者有极低的故障率。因为一旦隔振器发生故障,被支撑的设备就要停机,配合检查和维修更换,在舰艇狭小的空间里面,维修隔振器有时是一件非常耗时耗力的工作,通常需要把设备吊起来,取出隔振器更换。对于大型的设备而言,工作量就十分巨大。

5.1.4 典型的隔振元器件

1. 聚氨酯隔振器

橡胶早期来源于橡胶树、橡胶草中,因此而得名。橡胶种类很多,有天然橡胶、丁基橡胶、丁苯橡胶、顺丁橡胶、氯丁橡胶、丁腈橡胶、乙丙橡胶等,这些为通用橡胶。这些橡胶结构都由柔性高分子链组成,具有较好弹性。

聚氨酯其实也是橡胶的一种,只是它的结构内含有大量的氨基甲酸酯基,取名聚氨酯,也叫聚氨酯橡胶。聚氨酯隔振器是采用聚氨酯材料的力学和物理特性,与金属件相结合,设计加工的一种可以阻隔振动传递的元件,其结构如图5-9所示。

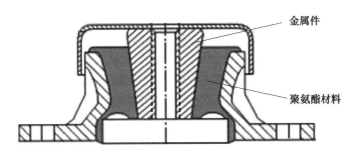

图 5-9　聚氨酯隔振器结构图

聚氨酯材料与传统橡胶材料相比,区别在于:传统橡胶材料的分子结构都是由柔性高分子链(或称软段)组成,而聚氨酯材料的分子结构中既有非常柔顺的软段,又有比较僵硬的硬段,如图5-10所示。

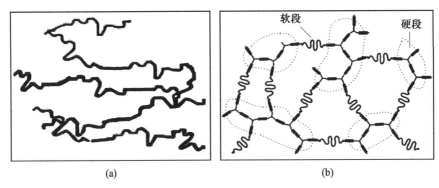

图 5-10　传统橡胶材料及聚氨酯材料的分子结构
(a)传统橡胶分子结构;(b)聚氨酯分子结构。

我们可以用钢筋混凝土来形象地理解聚氨酯橡胶在承载、强度等方面优于其他橡胶材料的原因:将聚氨酯结构中的硬段看作钢筋,起到承载作用,软段看作混凝土,提供柔顺性;其他橡胶材料中只有软段,只能提供弹性,强度就比聚氨酯橡胶差多了。

和一般橡胶隔振器相比,聚氨酯隔振器具有更优异的隔振性能、动态疲劳性能、抗蠕变性能,以及更大的承载能力。

2. 气囊隔振器

气囊隔振器,也被称为"空气弹簧",是一种在柔性密闭空间内充入压缩气体(空气、氮气等)、以压缩气体作为弹性体的非金属隔振器,它利用了气体的可压缩性质,以压缩气体的反力作为弹性恢复力。其基本结构包括橡胶囊体和上下两个盖板,如图5-11所示,在上下盖板和囊体之间还有密封结构,防止气体渗漏。上下盖板分别与设备和基础连接。在囊体内充入压缩气体,就可以将设备支撑起来,同时起到隔振的作用[2]。

与传统的橡胶隔振器相比,气囊隔振器具有以下3个突出的优点。

(1) 承载范围可调,适应性强。

图5-12是气囊隔振器的结构示意图。假设一个气囊隔振器的承载面直径为 D,

则其承载面积为 $S_e = \pi \dfrac{D^2}{4}$。囊内气体的绝对压力为 P，环境大气的压力为 P_a，则气囊的表压力为 $P - P_a$。气体的表压力和承载面积相乘，就等于气囊隔振器所承受的载荷，即

$$F = (P - P_a)S_e = (P - P_a)\pi \dfrac{D^2}{4} \qquad (5-3)$$

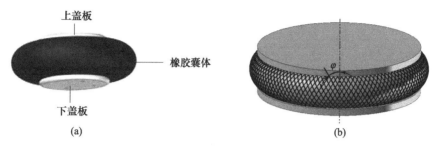

图 5-11 气囊隔振器

(a)商用气囊隔振器；(b)舰用气囊隔振器。

其他隔振器制造完成以后，额定载荷就确定了。但是气囊隔振器不一样，通过改变气压 P 的大小，气囊隔振器就可以承受不同重量的载荷。

(2)固有频率低，隔振性能优良。

气囊隔振器因为用压缩气体作为弹性介质，所以比橡胶、金属等材料更加柔软，固有频率较低。一般来说，通过增加囊内气体的容积，可以降低气囊隔振器的固有频率。一些比较大型的气囊

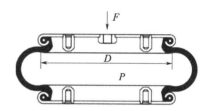

图 5-12 气囊结构示意图

隔振器，其固有频率 $f < 1\mathrm{Hz}$；普通的气囊隔振器的固有频率为 $1 \sim 5\mathrm{Hz}$。一些大型高端精密加工设备平台，通常将气囊隔振器的固有频率设计在零点几赫兹。

(3)不蠕变。

气囊隔振器不会像其他隔振器那样出现蠕变。通过间断性地补充压缩气体，就可以将气囊隔振器支撑的设备保持在恒定的高度。

气囊隔振器在工程上的应用实践可以追溯至 1847 年，约翰·路易斯(John Lewis)在当时申请了气囊隔振器的发明专利(图 5-13)。20 世纪初，人们尝试将气囊隔振器应用至车辆领域，美国于 1947 年首次在铁道车辆普尔曼车上使用气囊隔振器。而后，意大利、英国、法国、日本等许多国家也进行了大量研究和实践。图 5-14 为美国 Firestone 公司生产的气囊隔振器，常见的有单曲、双曲、三曲以及膜式等形式，其中单曲式气囊的承载能力较大，最大一型气囊的承载能力约 39t，最大工作压力约为 0.69MPa。图 5-15 为日本公司生产的 VAA 系列气囊隔振器，其最大承载可达 40t，工作压力不到 1MPa。

上述气囊隔振器都是工业应用的民用产品，工作压力都在 1MPa 以下，因此体积较大。而船舶舱内空间较为狭小，需要隔振的设备也较重，尤其是军用舰艇，为了在小体积下承载更大的重量，必须提高气囊内压。为此，研制出了舰用高压大载荷气囊隔振

器,如图5-16、图5-17所示,图5-16中,①为柔性囊体,②为盖板,③为调整法兰,用于调整舰用气囊的性能参数。一般而言,高压大载荷气囊隔振器的额定气压不会低于1.5MPa。

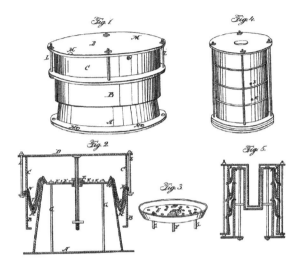

图5-13 约翰·路易斯设计的气囊隔振器

图5-14 Firestone气囊隔振器

图5-15 VAA系列气囊隔振器

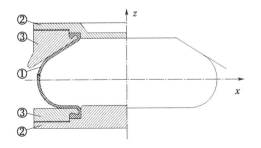

图5-16 高压大载荷气囊隔振器结构图[2]

图5-17 高压大载荷气囊隔振器[2]

5.2 小知识:主被动混合减振装置

5.1 节已经提到,为了消除船舶振动的低频线谱特征,必须采用主动隔振技术。主动隔振装置的基本结构,是在隔振装置中引入作动器,对系统施加主动控制力。图 5-18 是它最基本的力学模型图:在设备 m 和基座之间安装了作动器,它的刚度为 k_a,阻尼为 c_a,除此之外,它还可以产生主动控制力 f_a 作用于设备和基座,这个主动控制力就可以消除线谱振动。

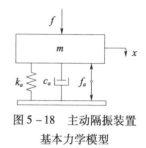

图 5-18 主动隔振装置基本力学模型

如图 5-19 所示,在主动隔振装置中,设备和基座构成了一个受控系统,这个受控系统在初级振源(也就是作用于设备上的激励力)的作用下产生低频振动线谱。为了减小该低频振动线谱,引入了次级振源(也就是作动器),它输出一个控制力,使受控系统也产生低频振动线谱。初级振源和次级振源产生的两种低频振动线谱互相抵消,就达到了降低初级振源振动线谱的目的[3]。

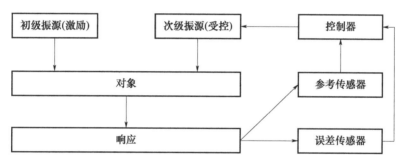

图 5-19 主动隔振装置的基本原理

主动隔振装置又可以细分为主动、半主动和主被动混合隔振。其中,主被动混合隔振技术是将被动隔振器和作动器集成,其基本原理如图 5-20 所示。图中的 k_1、c_1 代表被动隔振器的刚度和阻尼,而 k_a、c_a 则代表主动作动器的刚度和阻尼,f_a 代表主动作动器的控制力。被动隔振器承载设备重量并隔离宽频振动,同时对作动器进行主动控制衰减线谱振动,与纯粹的主动隔振技术相比,该技术可将作动器从静承载中解脱出来,可同时获得宽频隔振效果和线谱控制效果,并能降低主动控制的功耗,适用于大型船舶机械设备的高效能隔振[1]。

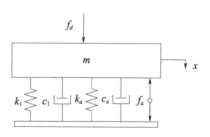

图 5-20 主被动混合隔振装置基本力学模型

澳大利亚海军针对"柯林斯"级潜艇柴油发电机组进行了主被动混合隔振技术研究,采用了双层隔振装置和电磁式作动器,样机陆上试验结果表明其对柴油机主要线谱的控制效果可达 10～30dB。Daley 和 Johnson 等在磁悬浮主动隔振技术的基础上提出了智能弹簧技术,已完成混合隔振装置缩比样机原理验证和智能弹簧 1∶1 样机试验,结果表明其对线谱控制效果最高可达 30dB 以上。瑞典 Karlskrona 大学将其研发的船用主动隔振装置 AVIIS(Active Vibration Isolation In Ships)应用于该国的护卫舰,该装置能有效隔离与舰艇壳体声辐射耦合的结构振动。美国 BBN 公司设计了柴油机主被动联合隔振装置,采用橡胶隔振器与电磁作动器并联混合隔振,试验结果表明其能有效控制 20～100Hz 的线谱振动。法国 Paulstra 公司研究采用橡胶隔振器与电磁惯性力作动器串联,在 MTU 柴油机主被动混合隔振装置上进行了测试,结果表明与单纯的被动隔振装置相比,其对 20～300Hz 的振动隔离量提高了 20dB[1]。

5.3 小知识:浮筏隔振装置

船舶一个舱室内一般有多台动力设备,如果每台设备都分别安装一套双层隔振装置,显然是不够经济也没有必要。于是,设计人员就会想到把多台设备集中安装在一个比较大的中间质量上,这样既节省了舱室空间和舰艇的负载资源,对于每一台设备而言,又使用了比原来更大的中间质量平台,按照双层隔振理论,中间质量越大,隔振效果越好。这种将同一舱室内多台设备通过隔振器集中安装在一个较大的中间质量上,再通过隔振器安装在船体基座上的隔振形式,称为"浮筏双层隔振",如图 5－21 所示。

1966 年 Gorman 就设计了包含一台 7.7t 和两台 36t 柴油发电机组的浮筏装置,如图 5－22 所示。采用浮筏装置不仅可以有效地利用船舶的空间和负载,而且其中间质量具有很大的机械阻抗,有利于提高隔振效果[1]。

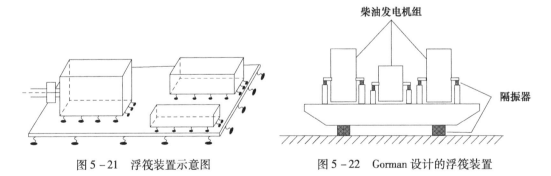

图 5－21　浮筏装置示意图　　　　图 5－22　Gorman 设计的浮筏装置

浮筏装置一般可获得 35dB 以上的隔振效果,目前先进船舶上的主要动力设备均采用了浮筏装置。美国从 20 世纪 60 年代起就在"鲟鱼"级核潜艇上应用了浮筏装置。1988 年负责美国核潜艇建造的通用电船公司申请了一项专利,将汽轮发电机组和汽轮齿轮机组集成安装在一台浮筏上进行隔振,如图 5－23 所示。进入 90 年代后"海狼"和"弗吉尼亚"级核潜艇均采用了整舱浮筏隔振技术,将动力舱段内所有的动力设备均安装在一台大型浮筏装置上。Swinbanks 等在一份由美国海军资助的项目报告中指出,水面船舶上应用的浮筏装置规模已达 10m×20m。美国海军还研究了一种潜艇桁架式浮筏装置,如图 5-24 所示。其中间质量采用桁架式结构,可有效延长振动波的传递路径,并使各种类型振动波的能量趋于平衡,可使阻尼对振动波的衰减量增加,从而提高浮筏装置的高频隔振效果,但目前尚未透露其应用情况。英国海军最新的"机敏"级核潜艇的主动力系统也采用了一台高度集成整舱浮筏装置,其下层使用了 Trelleborg 公司的 Equi-frequency 隔振器,具有 22.5t 承载能力和横向、垂向 5Hz 的固有频率[4]。

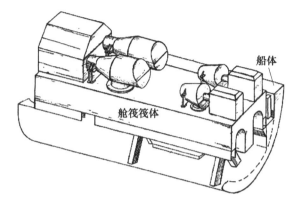
图 5-23 通用电船公司的潜艇整舱浮筏装置专利

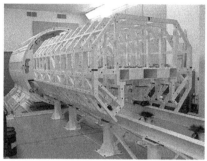
图 5-24 美国海军潜艇桁架式浮筏试验装置

浮筏隔振的优点是显而易见的:

(1)由于加设了公共的中间质量,多台设备作为一个整体,质量大为增加,这对隔振来说是有利的[5];

(2)由于公共的中间质量刚性很大,因此能避免船体、基座变形对设备运转的影响(如轴线走中)。特别是在恶劣海况或海战时,强烈的冲击波会引起基座明显的变形。而在这种情况下,浮筏隔振的机械设备所遭受的破坏要比分散隔振的小得多[5]。

但是,浮筏隔振也有其需要注意的方面,主要包括以下 3 点:

(1)浮筏装置优化设计。

首先浮筏上设备众多,激励特性复杂,浮筏装置固有频率难以避开所有机械设备激励频率。而且,中间质量尺寸较大,其重量又受船舶总体限制,不能过大。中间质量的弹性模态频率可低至几十赫兹,与机械设备激励频率接近,容易出现低频共振。这需要合理设计系统刚体模态频率,使其在有效隔离机械振动的同时,避免共振的发生。其次应对中间质量的结构进行优化,一般认为应达到机械设备质量的 30% 以上,以保证足够的刚性和机械阻抗,使其弹性模态避开设备激励频率,必要时还需涂敷阻尼材料以衰减高频振动。此外船体基础阻抗必须足够大,至少应高出隔振器阻抗一个数量级才能保证良好的隔振效果。还要确保船舶摇摆、倾斜、受冲击情况下隔振器变形量和机械设备外部接口处的变形量满足安全使用要求[4]。

(2)高性能隔振器研制。

随着船舶浮筏装置规模的不断增大,其对下层隔振器的性能要求越来越高,一般要求应具备承载能力大、结构尺寸小、固有频率低、蠕变小等特点。对于重量达 100t 以上的船舱浮筏装置，下层隔振器的额定承载能力至少应达到5t以上，潜艇用浮筏装置甚至需要达到10t以上。一般隔振器的性能难以满足要求，因此必须研制大载荷、低频高性能隔振器[4]。

(3) 高性能挠性连接件研制。

船舶倾斜、摇摆、受冲击情况下，机械设备产生较大的位移，与之相连的管路、轴系等必须采用具有大变形补偿能力的挠性连接件，如低刚度挠性接管、高弹联轴器等。挠性连接件还必须具备较好的隔振性能，以避免成为结构噪声传递的第二通道，影响浮筏装置整体隔振效果。潜艇通海管路使用的挠性接管还应能承受大潜深情况下产生的3MPa以上的海水压强[4]。

5.4 小知识：大载荷智能气囊隔振系统

大载荷智能气囊隔振系统是浮筏隔振装置与智能化控制系统的结合。

大载荷智能气囊隔振系统由气囊隔振装置子系统、状态监测子系统、智能控制子系统和应急保护子系统四部分组成，如图5-25所示，气囊隔振装置子系统包含一定数量气囊隔振器，用于支撑动力设备；状态监测子系统由位移传感器、压力传感器、温度传感器等构成，用于测算隔振装置的姿态参数，并全面监测装置运行状态；智能控制子系统由控制器和控制阀组等构成，用于对气囊隔振器进行调节控制；应急保护子系统由限位保护装置组件构成，用于在极端情况下将动力设备刚性固定，以避免产生过大的位移，确保动力系统运行安全[6]。

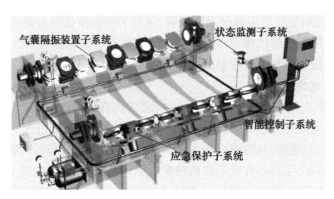

图5-25　大载荷智能气囊隔振系统结构示意图[4]

大载荷智能气囊隔振系统具有多项传统隔振装置技术无法实现的功能。

1. 载荷自动均匀分配功能

大载荷智能气囊隔振系统可自动适应载荷重量、重心的变化，将载荷均匀分配于各隔振器，并实现精度<1mm的设备姿态平衡控制。以气囊隔振器载荷分布均匀化为载荷分配的控制目标，用均方差来描述载荷分布的均匀性。假定设备处于理想平衡姿态，载荷分

布等同于气压分布。最均匀的载荷分布状态是气压均方差最小,即满足下式:

$$\min \sqrt{\sum_{i=1}^{n}(p_i - \bar{p}_a)^2 / n_a} \qquad (5-4)$$

式中:p_i 为气囊隔振器的气压;$\bar{p}_a$ 为所有气囊隔振器气压的平均值;n_a 为气囊隔振器数量。

2. 高精度姿态平衡控制功能

动力机械通常与弹性元件连接,如润滑油、冷却水、进排气接口的挠性接管和弹性联轴器等,为了避免弹性元件产生过大的应力,必须保持动力机械的姿态稳定。大载荷智能气囊隔振系统通过控制气囊隔振器的载荷来调节装置姿态,如图 5-26 所示。控制过程既要实现姿态稳定,还须兼顾载荷均匀。图 5-27 给出了某 120t 级智能气囊隔振装置的姿态平衡控制过程,图中包含位于隔振装置四角的位移传感器的测量曲线,可见在实现载荷均匀分配的同时,隔振装置四角的高度均收敛至平衡位置附近 -0.5~0.5mm 范围内,实现了装置的高精度姿态控制。

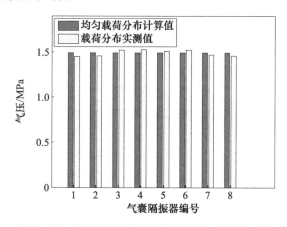

图 5-26 气囊隔振器载荷分布理论与实测值对比

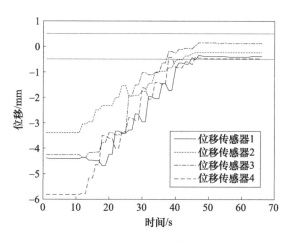

图 5-27 姿态平衡控制过程

3. 气囊隔振器失效时的自组织重构功能

为了预防极端情况下个别气囊隔振器失效而导致姿态失衡,智能气囊隔振装置建立了自组织重构机制,可自动剔除故障气囊隔振器,并按照载荷均匀分配原则将负载在剩余气囊隔振器中重新分配,恢复装置姿态平衡,从而使装置继续有效地运行。图 5-28 给出了某智能气囊隔振系统模拟气囊隔振器故障前、后的载荷分布状态。该装置共有 12 个气囊隔振器,故障发生前载荷处于较均匀的分布状态;2 号气囊发生故障后,系统对所有气囊的载荷都进行了调整,并恢复了姿态平衡。

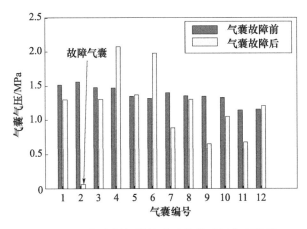

图 5-28 气囊隔振器故障后载荷重新分配结果

5.5 小知识:推进动力系统低频隔振技术

船舶推进动力系统高效隔振技术是公认的技术难题,其核心问题是要解决低频隔振和轴系对中之间的矛盾:如果要取得好的隔振效果,必须将隔振装置的固有频率设计得足够低,但这样稳定性就比较差;如果主机受到扰动力的作用,如船舶摇摆、主机的反扭矩等,就会与轴系产生对中偏离,从而引发轴系运行安全性问题。

为了解决主机安装低频隔振器后引起的轴系不对中问题,美国专利提出在推进电机安装低频橡胶隔振器后,再加装一套气囊调节系统,以抵消反扭矩对隔振器的影响。我国近年来研制的一种新型主机低频隔振装置,有效解决了低频隔振和轴系对中之间的矛盾。

1. 对中姿态实时监测技术

推进装置动力输出端与轴系(即联轴器两端)的对中量通常是采用人工测量方法,而新型隔振装置采用位移传感器系统实时在线监测并解算出对中量。它是通过安装在主机上的若干个位移传感器测量出主机与轴系之间的相对位移,并通过模型解算出图中联轴器输入法兰与输出法兰之间的对中偏移和偏斜量。这样,无论主机和轴系是否旋转,都可以实时测量到对中状态,如图 5-29 所示。

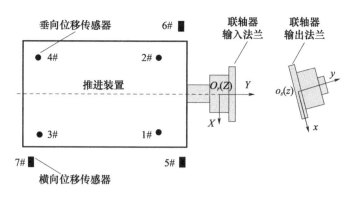

图 5-29　对中监测传感器配置方案

2. 高精度对中姿态控制技术

有了实时对中测量方法，下一步的工作就是根据测量到的对中量，通过调节气囊隔振器的载荷和高度，改变主机的姿态，实时地保持主机与轴系之间处于良好的对中状态。

隔振装置通过对气囊隔振器的载荷调节来控制推进装置的对中姿态，对中控制过程必须保持一致收敛，技术难度非常大，主要体现在：①对中控制精度要求高，一般应使对中偏移量达到 0.5 mm 以内；②对中量变化与气囊隔振器载荷调节量之间的关系是非线性的；③对中控制涉及四个对中分量，且各分量之间是耦合的；④对中控制过程必须兼顾气囊隔振器载荷均匀分布的要求。针对上述特点，采用智能控制方法建立了多目标对中控制模型。模型的主要作用是基于一系列控制规则，通过推理决策，规划出气囊的最优充气和放气控制路径[6]。

图 5-30 给出了该装置样机的对中控制试验结果。从中可见当推进装置受扰动偏离对中控制阈值 0.3 mm 后，系统迅速实施控制，在 8 s 内使推进装置恢复到对中位置。

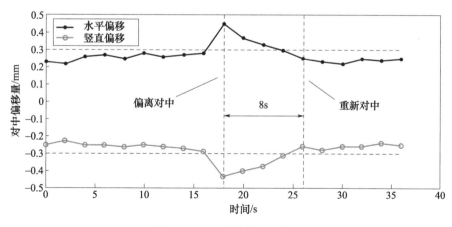

图 5-30　对中控制试验结果

3. 应急保护机制

新型隔振装置在面临船舶大角度摇摆、倾斜，气囊隔振器故障等一些极端情况时，可启动应急保护机制，将推进装置锁定，确保推进系统运行安全。图 5-31 是试验平台模拟船舶大角度摇摆时,推进装置的对中量变化曲线。可见当装置处于最大摇摆角度时,对中偏移量达到 1.7mm,此时应急保护子系统迅速启动,在 3s 内将推进装置锁定,对中偏移量恢复到 0.5mm 以内。

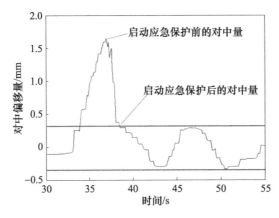

图 5-31　应急保护功能试验结果

5.6　基座减振

基座是设备与船体结构、甲板、纵向构件或舱壁的连接结构。隔振系统配置隔振器,必须考虑作为隔振器支点的基座的结构刚度。如果单纯地从振级落差等考核指标考虑,船体基座应是具有足够刚性的结构,以保证隔振系统具有所需要的振级落差。但是,这并不是说基座刚度越大越好。一方面,刚度的增大伴随着更大的重量和体积,对船舶总体配置造成负担;另一方面,船舶基座的刚度并非某一个固定值,通过结构的合理设计,灵活配置刚度组合,可以取得更好的减振效果。

一般而言,基座的结构刚度通常用机械阻抗表示。机械阻抗的基础定义式为

$$Z = \hat{F}/\hat{V} \tag{5-5}$$

式中:$\hat{F}$ 为激励力 F 的峰值向量;$\hat{V}$ 为结构上激励力作用处速度 V 的峰值向量;Z 为结构上激励力作用处的机械输入阻抗。如果激励力和速度都是复函数,机械阻抗也是复函数。

简单结构中机械阻抗可以理论计算,但复杂结构中机械阻抗通常由试验测定。

基座的机械阻抗值对隔振器的隔振效果有着极其重要的影响。设备刚性安装时,基座的固有频率应避开设备的一阶振动频率;如设备采用弹性安装,则基座固有频率应大大超过设备与元件的组装系统的固有频率。

有研究指出,若将基座视为集中质量系统,则有以下结论:①考虑基座阻抗时,柔性基座对隔振系统的自振频率影响不大;在低频范围内,采用柔性基座主要对系统阻尼有影响,减少了系统的有效阻尼,因此在柔性基座上需要配置阻尼相对较大的隔振器;②总体来说,在激励频率为 2~4 倍系统频率、阻尼比较小时,功率流传递率最小;但考虑到系统

稳定性和柔性基座对系统阻尼的折减效应,应具备一定阻尼,0.2左右为宜。所以,船舶单层隔振系统的配置原则是:配置隔振器刚度,使得激励频率为2~4倍系统频率;配置隔振器阻尼,使得阻尼比为0.2左右[7]。

习 题

1. 简述聚氨酯隔振器的优点。
2. 简述高压大载荷气囊隔振器的优点。
3. 简述主动隔振的基本原理。
4. 简述浮筏隔振装置的优点。
5. 概括大载荷智能气囊隔振系统的智能化功能。
6. 为什么说推进动力系统低频隔振是世界性难题?
7. 简述推进动力系统低频隔振装置的工作原理。

参考文献

[1] 何琳,徐伟. 舰船隔振装置技术及其进展[J]. 声学学报,2013,38(02):128-136.

[2] 何琳,赵应龙. 舰船用高内压气囊隔振器理论与设计[J]. 振动工程学报,2013,26(06):886-894.

[3] 李彦,何琳,帅长庚,等. 磁悬浮主被动隔振系统自适应控制及非线性补偿[J]. 振动与冲击,2015,34(06):89-94.

[4] 何琳,帅长庚. 振动理论与工程应用[M]. 北京:科学出版社,2015.

[5] 李晓明. 舰船浮筏系统隔振及抗冲击特性研究[D]. 大连:大连理工大学,2008.

[6] 何琳,徐伟,卜文俊,等. 舰船推进动力系统新型隔振装置研制与应用[J]. 船舶力学,2013,17(11):1328-1338.

[7] 赵存生,朱石坚. 船舶基座阻抗对振动传递的影响研究[C]//北京力学学会,北京振动工程学会,中国振动工程学会振动与噪声控制专业委员会. 第26届全国振动与噪声高技术及应用会议论文选集. 北京:航空工业出版社,2015:194-199.

第6章 第二、三声通道控制技术

6.1 第二、三声通道传递形式

6.1.1 第二声通道传递形式

管路、线缆以及相应的配件(如支吊架、马脚)等,不支撑船舶机械噪声源的重量,但是连接着设备与船体,属于第二声通道。而在第二声通道中,管路是最典型,也是振动、噪声传递贡献最大的一种。实船测试结果表明,随着第一声通道的控制技术不断发展,第二声通道,尤其是管路的振动、噪声传递贡献正逐步凸显为主要矛盾。

相比于第一声通道,第二声通道的振动噪声控制所涉及的路径要更多(图6-1)。由于管内有流体,所以管路既能传递振动,也能传递噪声。单纯的振动传递路径至少包括两类:①噪声源 - 管壁 - 管路支撑件 - 船体 - 舷外;②噪声源 - 管壁 - 舱壁 - 舷外。单纯的噪声传递路径则包括噪声源 - 管内流体 - 舷外。由于管壁振动可以激发管内噪声,管内噪声也可激起管壁振动,因此,还存在各种振动和噪声的耦合传递形式。

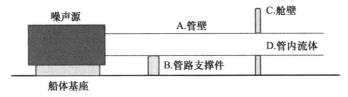

图6-1 管路振动噪声传递路径示意图

由于管壁振动的传递和第一声通道振动传递的机理类似,第4章、第5章已经开展了相应的讨论,本章以讨论管内流体噪声传递的声学机理和控制方法为主,兼顾管路振动的控制技术介绍。

6.1.2 第三声通道传递形式

除了第一、二声通道外的噪声传递路径,其余均被称为第三声通道。一般而言,第三声通道多指空气向结构传递噪声的通道。空气噪声除了会激发船体结构振动,增大船舶辐射噪声外,还严重影响船员的工作、生活环境。

以空调系统为例,涉及第三声通道的传递路径(图6-2)至少包括以下几条:

(1) 设备基座、铺板等结构振动激发空气噪声,即空调风机振动通过基座、铺板等结构,传递至邻近舱室,进而激发该舱室空气噪声;

(2) 送风、回风管路传递空气噪声,即空调风机所发出的噪声,顺着送风管或回风管传递,进入人员所在的舱室;

(3) 末端风口次生空气噪声,即空调产生的气流,在风管末端管口处,受管口结构扰动,发出的噪声,以高频为主;

(4) 舱壁透声,即空调风机噪声穿透隔舱壁,影响到人员所在的邻近舱室。

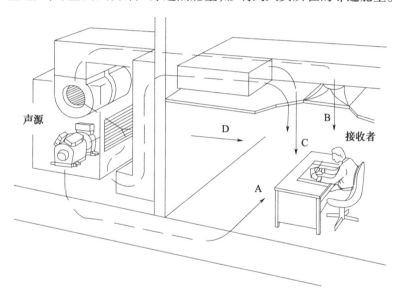

图6-2 空气噪声传递路径示意图

6.2 抗性消声理论

6.2.1 管路声学基础

1. 均匀直管的声传递

根据声波导管理论,很多情况下,管内的声波可以近似为平面波处理。平面声波是一种最简单的声波。在平面声波中,声压幅值和介质内质点的振动速度幅值有一个等比关系:

$$\frac{p_a}{v_a} = c_0 \rho_0 \qquad (6-1)$$

这一比例系数也被称为"声阻抗率"。

我们把坐标原点取在管路末端,如图6-3所示。管路末端存在一个"负载"。负载的严格物理定义是一种能量转换元件,例如将声能的一部分转换为热能。当然,为了处理方便,负载的定义可以更宽泛一些。即使是开口的管路末端也可以近似地看作一个负载,入射波的能量被分给了反射波和透射波。

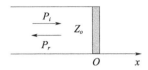

图6-3 基本管路声学传递模型

设入射波与反射波的形式分别为

$$p_i = p_{ai}e^{j(\omega t - kx)} \tag{6-2}$$

$$p_r = p_{ar}e^{j(\omega t + kx)} \tag{6-3}$$

反射波 p_{ar} 的产生是由管端的声学负载引起的,它同入射波 p_{ai} 之间不仅大小不同,而且还可能存在相位差,一般可表示为[1]

$$r_p = \frac{p_{ar}}{p_{ai}} = |r_p|e^{j\sigma\pi} \tag{6-4}$$

r_p 称为反射因数,而它的绝对值 $r_p = \left|\frac{p_{ar}}{p_{ai}}\right|$ 称为声压的反射系数,$\sigma\pi$ 表示反射波与入射波在界面处的相位差。把式(6-2)与式(6-3)相加就得到管中的总声压[1]

$$p = p_i + p_r = p_{ai}[e^{-jkx} + |r_p|e^{j(\sigma\pi + kx)}]e^{j\omega t} = |p_a|e^{j(\omega t + \varphi)} \tag{6-5}$$

其中

$$|p_a| = p_{ai}\left|\sqrt{1 + |r_p|^2 + 2|r_p|\cos 2k\left(x + \sigma\frac{\lambda}{4}\right)}\right| \tag{6-6}$$

2. 变截面管的声传递

管的截面积发生突变,也是一种广义上的"负载"。入射波的能量在截面突变处重新分配至反射波和透射波,如图6-4所示。

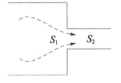

图6-4 截面突变管内的声波传递

我们将右侧的细管视作一种声负载。同理,在左侧管中,存在入射波和反射波:

$$p = p_i + p_r = p_{ai}e^{j(\omega t - kx)} + p_{ar}e^{j(\omega t + kx)} \tag{6-7}$$

右侧管中,有透射波:

$$p_t = p_{at}e^{j(\omega t - kx)} \tag{6-8}$$

根据平面声波的阻抗关系式,左右两侧的质点速度为

$$v = v_i + v_r = \frac{p_{ai}}{\rho_0 c_0}e^{j(\omega t - kx)} - \frac{p_{ar}}{\rho_0 c_0}e^{j(\omega t + kx)} \tag{6-9}$$

$$v_t = \frac{p_{at}}{\rho_0 c_0}e^{j(\omega t - kx)}$$

上式需要注意,声压是一种标量,没有方向,所以入射波和反射波的叠加是直接相加。但是,质点速度是向量,入射波和反射波方向相反,上式中 v_r 在用声压幅值表示时,需要加上负号。

在两种横截面的管路分界面上,有边界条件,即 $x=0$ 处有:
(1) 声压连续: $p = p_t$;
(2) 体积速度连续: $vS_1 = v_t S_2$。
结合第 2 章关于声强的定义,求解可得声强的透射系数:

$$t_I = \frac{4S_1{}^2}{(S_1 + S_2)^2} \tag{6-10}$$

6.2.2 扩张管消声

从式(6-10)可以看出,声波透射的能量比与发生突变的管路截面积有关。如果能够合理设计管路截面积,能够达到更好的消声效果。

目前,广泛应用的扩张管消声的基本原理就是在已有管路中间插入一段截面积更大的管路,如图 6-5 所示。对于左侧的管,声压表达式:

$$p_1 = p_i + p_{1r} = p_{ai}\mathrm{e}^{\mathrm{j}(\omega t - kx)} + p_{1ar}\mathrm{e}^{\mathrm{j}(\omega t + kx)} \tag{6-11}$$

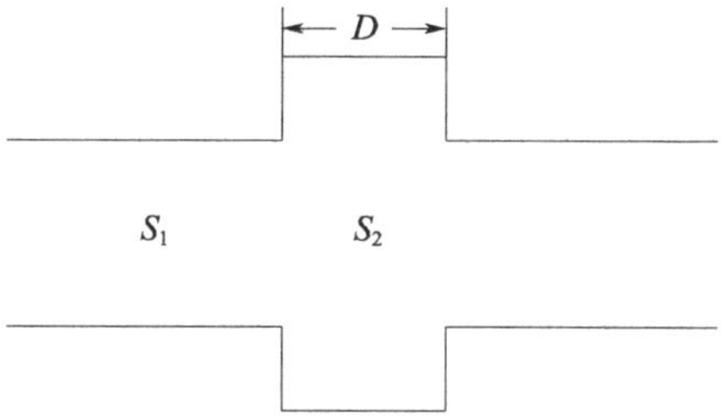

图 6-5 扩张管消声基本模型

对于中间的管,声压表达式:

$$p_2 = p_{2t} + p_{2r} = p_{2at}\mathrm{e}^{\mathrm{j}(\omega t - kx)} + p_{2ar}\mathrm{e}^{\mathrm{j}(\omega t + kx)} \tag{6-12}$$

对于右侧的管,声压表达式:

$$p_{1t} = p_{1at}\mathrm{e}^{\mathrm{j}(\omega t - kx)} \tag{6-13}$$

速度表达式:

$$v_1 = v_i + v_{1r} = \frac{p_{ai}}{\rho_0 c_0}\mathrm{e}^{\mathrm{j}(\omega t - kx)} - \frac{p_{1ar}}{\rho_0 c_0}\mathrm{e}^{\mathrm{j}(\omega t + kx)}$$

$$v_2 = v_{2t} + v_{2r} = \frac{p_{2at}}{\rho_0 c_0}\mathrm{e}^{\mathrm{j}(\omega t - kx)} - \frac{p_{2ar}}{\rho_0 c_0}\mathrm{e}^{\mathrm{j}(\omega t + kx)} \tag{6-14}$$

$$v_{1t} = \frac{p_{1at}}{\rho_0 c_0}\mathrm{e}^{\mathrm{j}(\omega t - kx)}$$

边界条件有少许调整,主要原因是有两个边界,它们的空间位置不同。

$$p_1(x=0) = p_2(x=0) \tag{6-15}$$

$$p_2(x=D) = p_{1t}(x=D) \qquad (6-16)$$
$$v_1(x=0)S_1 = v_2(x=0)S_2 \qquad (6-17)$$
$$v_2(x=D)S_2 = v_{1t}(x=D)S_1 \qquad (6-18)$$

经过计算,同样也能得出声强透射系数:

$$t_I = 4\left[\left(\frac{S_1}{S_2}+\frac{S_2}{S_1}\right)^2 \sin^2 kD + 4\cos^2 kD\right]^{-1} \qquad (6-19)$$

求导可以发现,当 $kD = (2n-1)\dfrac{\pi}{2}$ 时,透射系数最小,也就是说这个长度的插管,消声性能最好。

从推导中也能看到,其实中间插入的管路不一定非要是扩张管,收缩管的消声效果是相同的。但是,在实际工程应用中,为了减小空气阻力,一般采用的都是扩张管。消声量如下式计算:

$$\mathrm{TL} = 10\lg\left\{\frac{1}{4}\left[\left(\frac{1}{S_2}+\frac{S_2}{S_1}\right)^2 \sin^2 kD + 4\cos^2 kD\right]\right\} \qquad (6-20)$$

消声量被定义为声强透射系数的倒数,并用分贝表示。

6.2.3 旁支管消声

很多情况下,管路中会出现一些旁支管,对声波的传播产生影响,如图 6-6 所示。

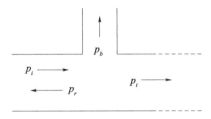

图 6-6 旁支管消声基本模型

同扩张管的推导一样,在出现旁支管的位置建立声压和体积速度的连续性方程。除了传统的主管入射声波、旁支管所处位置的主管反射声波、主管透射声波,还有新增的一项:旁支管透射声波 p_b。

$$\begin{cases} p_i = p_{ai}\mathrm{e}^{\mathrm{j}\omega t} & v_i = \dfrac{p_i}{\rho_0 c_0} \\ p_r = p_{ar}\mathrm{e}^{\mathrm{j}\omega t} & v_r = -\dfrac{p_r}{\rho_0 c_0} \\ p_t = p_{at}\mathrm{e}^{\mathrm{j}\omega t} & v_t = \dfrac{p_t}{\rho_0 c_0} \\ p_b = p_{ab}\mathrm{e}^{\mathrm{j}\omega t} & v_b = \dfrac{p_b}{S_b Z_b} \end{cases} \qquad (6-21)$$

式中:S(上式中虽未出现)为主管路截面积;S_b 为旁支管路截面积;Z_b 为旁支管路声阻

抗。由于后续推导需要讨论非平面波的特殊情况,这里没有将 Z_b 直接用平面波声阻抗表示,而是写作更一般的形式:$Z_b = R_b + jX_b$。

需要注意的是,相比于之前扩张管的推导,现在的方程数量有所增加。分界面上仍有体积速度连续且声压相等。但是,此时的"声压相等"包括入射段、透射段和旁支段三者声压都相等。

$$p_i + p_r = p_t = p_b \tag{6-22}$$

$$Sv_i + Sv_r = Sv_t + S_b v_b \tag{6-23}$$

通过解方程,声强透射系数表示如下:

$$t_I = \frac{R_b^2 + X_b^2}{(\rho_0 c_0/2S + R_b)^2 + X_b^2} \tag{6-24}$$

如果旁支管处不是一个普通的管路,而是一个亥姆霍兹共振腔,如图 6-7 所示,那么,将共振腔的参数代入旁支管的声强透射系数中,可以得到:

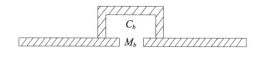

图 6-7 亥姆霍兹共振腔基本模型

$$t_I = \frac{R_b^2 + \left(\omega M_b - \dfrac{1}{\omega C_b}\right)^2}{\left(\dfrac{\rho_0 c_0}{2S} + R_b\right)^2 + \left(\omega M_b - \dfrac{1}{\omega C_b}\right)^2} \tag{6-25}$$

式中:M_b、R_b 和 C_b 分别为共振腔的声质量、声阻和声容。具体的表达式和推导比较复杂,大多数声学基础类书籍都有介绍,本书不再赘述。这里还有一个进一步的假设,即声阻 R_b 很小。声强透射系数表示为

$$t_I = \frac{1}{1 + \dfrac{(\rho_0 c_0)^2}{4S^2 \left(\omega M_b - \dfrac{1}{\omega C_b}\right)^2}} \tag{6-26}$$

可以看到,在共振频率处,$t_I = 0$。这说明尽管消声器没有声阻,不消耗声能,但还是拦截了共振频率处的透射声。这类利用共振原理的抗性消声器,也被称为"共振式消声器"。其消声量为(单位:dB):

$$\text{TL} = 10\lg \frac{1}{t_1} = 10\lg \left[1 + \frac{\beta^2 z^2}{(z^2 - 1)^2}\right] \tag{6-27}$$

式中:β 为一个刻画消声器固有性能的参数;z 则为目标频率和共振频率之间的比值。

$$\beta = \frac{\omega_r V_b}{2c_0 S} \tag{6-28}$$

如果合理地调整参数 β,就可以改善消声器的性能。虽然从降噪的角度看,β 越大越好。但是船舶设计总体是有限制的。首先,c_0 是固有属性,无法改变;S 与管路功能定位

和设计有关；ω_r 的变化空间也不大，取决于设备的激励频率；而 V_b 越大，对船舶管路的负担就越重。消声需要在总体资源消耗和降噪效果之间寻找平衡点。

6.3 阻性消声理论

6.3.1 声波的吸收

本节之前讨论声学问题，都是基于理想假设。其中重要的一条是：没有黏滞阻尼，即没有热损耗。如果声波频率较低或管径较粗，这个假设都近似成立。但如果管路比较细或者噪声频率较高，黏滞力引起的黏滞阻尼就不能忽视。

所谓黏滞力，实质上就是一种摩擦力。只不过这种摩擦力表现在流体上。流体的各个部分一旦存在相对运动，就会出现摩擦，如图 6-8 所示。

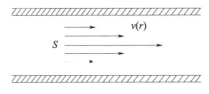

图 6-8 管内黏滞力基本模型

在管壁附近构造一个足够小的微元。显而易见，管壁静止。紧邻管壁的流体，其运动速度也相对有限，同时受到管壁和外侧流体施加的摩擦力，大小相等、方向相反。逐步远离管壁，流体速度也就逐渐加快。在管道的横截面上，与管壁不同距离的流体，流动的速度也不一样，存在速度梯度。显然，梯度越大，加速度越大，摩擦力越大。

讨论流体摩擦力受力问题，当然也少不了受力面积。同样的压力，面积越大，总受力肯定也越大。在管道中，距离管壁越近，半径越大，受力面积也越大，因此，黏滞力的表达式可以写作

$$F_\eta = -\eta \frac{\partial v}{\partial r} d\sigma \tag{6-29}$$

式中：σ 为介质层的接触面积；η 为受力的比例系数，也被称为"流体的切变黏滞系数"。因为是摩擦力的一种，所以受力与运动的变化方向相反，属于阻力，有一个负号。根据上式，经过一系列复杂的运算（大多数声学基础类书籍都有介绍，本书就不赘述了），我们可以近似求解相对较粗的细管声阻抗，即

$$Z_a = R_a + jX_a \tag{6-30}$$

$$R_a = \frac{1}{\pi a^3}\sqrt{2\eta\omega\rho_0}, X_a = \frac{\rho l}{\pi a^2}\omega \tag{6-31}$$

以及非常细的毛细管的声阻抗，即

$$R_a = \frac{8\eta l}{\pi a^4}, X_a = \frac{4}{3}\frac{\rho_0 l}{\pi a^2}\omega \qquad (6-32)$$

式中：a 为管路半径；l 为管路长度。粗细介于两者之间的微管声阻抗，可以近似为两者的组合公式。

从公式可以看出，不管是哪种细管的声阻抗，都与噪声的频率、管路长度正相关，与管径负相关。这也符合我们的习惯认知。

基于该原理，在工程上采用布满较细管径的材料，理论上可以在高频部分达到较好的吸声效果。但是，订制如此细的管径，难度非常大。一般采用本身自带毛细孔或缝隙结构的材料，例如多孔材料，作为阻性消声的材料。

6.3.2 声压计权

阻性消声理论说明，吸声材料仅在高频部分才能达到更好的消声效果，低频部分的消声效果则较为有限。但是，这一特点与人耳的听觉特性正好契合，阻性消声也因此成为应用最广的消声原理之一。

讨论这一问题，涉及一个重要的空气噪声治理概念：声压计权。

第三声通道的一个主要危害是影响船员工作、生活，即对人的干扰。人耳对于不同频率的声音感受不同，评价空气噪声治理得好不好，不能简单地把各个频率直接进行累加。一般而言，4000Hz 左右的声音最为敏感和强烈，高频和低频的感受都要弱一些。

例如，图 6-9 中，黑色五角星的点对应 80dB 的声强，灰色五角星对应 95dB 的声强，但是，在人耳听起来，这两个点的声音是一样响的。

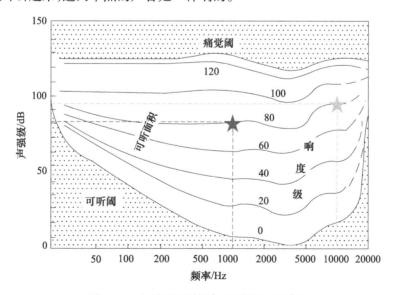

图 6-9　人耳对不同频率、强度声压的感受

正是由于人耳对不同频率的敏感度不同，在计算空气噪声总声级时，对高敏感度的频率，求和权重就大；对低敏感度的频率，求和权重就小。我们把这种考虑了频率权重的声

压总级叫作"计权声压级"。其中,最常用的计权方式为 A 计权,即图 6-10 中蓝色线,单位为 dB(A)。

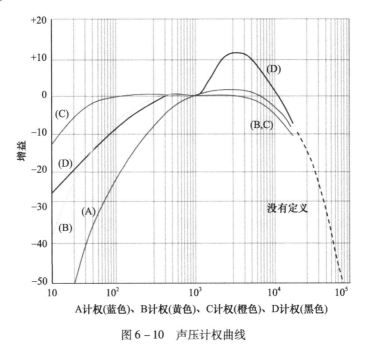

图 6-10 声压计权曲线

从图 6-10 的计权可以看到,在 A 计权之下,200Hz 以下的噪声,计权量级在 -10 ~ -50dB 不等,而 1000 ~ 6000Hz 的噪声,计权量级都在 0dB 以上。因此,对于人耳感受而言,控制中高频空气噪声更有意义。

6.4 第二、三声通道控制技术

6.4.1 第二声通道减振

涉及第二、三声通道的船舶振动控制技术与第一声通道振动控制技术大同小异,主要采用隔离、减振等方式。但考虑到第二、三声通道的振动,不仅通过结构传递,也受到管内流体、舱内空气激发,其控制装置或元件也必然不能像第一声通道的隔振器那样集中在某几个机脚位置,因此,在管路系统的振动控制中也存在一些特有技术。

以下仅针对管路系统特有的振动控制技术进行说明。

1. 减振软管

在泵出口到管系之间插入一段软管(如挠性接管、金属管波纹管、塑料管等),不仅可以抑制泵或其他动力设备振动沿管路传递,还可以在管路振动位移过大时,起到位移补偿的作用。这种在管路中设置软管的做法，其实质是通过结构的不连续，振动的弹性波部分地被反射或被抑制掉，从而达到隔离振动的目的[2]。

以金属波纹管为例，常用的金属挠性接管为金属波纹管，主要用于高温、高压管路的隔振和位移补偿。金属波纹管作为管路附件，已广泛应用于石油、化工、冶金、供热与船舶动力系统的各种管路中，其挠性元件具有吸收变形和减振降噪性能，以吸收管路的尺寸变化及削减管路和设备的振动传递。目前，国内用于减振降噪的金属波纹管一般由波纹管挠性元件及与之相连的法兰组成。波纹管元件一般由多层薄壁金属材料整体液压成型制成，在保证波纹管的承压能力、稳定性和疲劳性能等条件下，具有较小的刚度[3]。

2. 弹性支撑

与第一声通道的隔振器一样，也可以利用弹性马脚、弹性支吊架、弹性穿舱件等具有减振功能的管路支撑器件，隔离管路振动向船体传递。

管路弹性支撑是减小管路系统振动能量向艇体结构传递的主要措施，有的弹性支撑与安装基座之间又插入隔振元件（如隔振器），形成组合式弹性支撑。管路弹性支撑的设计应首先考虑承受管路重量等载荷，且弹性支撑的设置应能对管路系统的变形加以控制，减小管路系统的应力及管路对辅机设备的作用力。另外，通过调整弹性支撑动态特性参数和布置位置，改变管路系统的固有频率，使其避开辅机设备的激励频率，减小管路系统的振动[3]。

例如，公开文献中就给出了轴系海水系统带有隔振器的弹性马脚，如图6-11所示（隔振器型号为BE-60）：

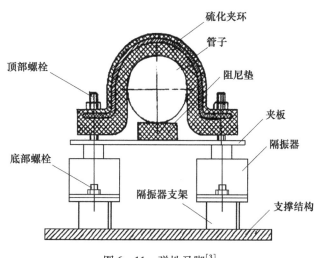

图6-11 弹性马脚[3]

除了上述总体上的考虑，部分报道还列出了一些工程实践中需要注意的地方[4]：

（1）对机舱间和在航行中容易出现振动的部位，支架间距应适当缩小。由于舰船航行中的摇摆和振动，液压管路一般采用重型管夹。

（2）吊架的设置应能防止管路振动和保证管路的强度，并应避免由于温度的变化或船体变形所产生的负荷作用到相连的设备上。每隔适当的距离应设置吊架，且要适当紧固。

(3) 对于液压管道,为利于减振,可采用机械方法夹固在支架上,不得与支架直接焊接,在管道与管夹中间应垫有橡胶或软塑料垫片。

(4) 管道的固有频率不仅与支吊架间距相关,还与支吊架类型有关。由于支架总会存在摩擦力,因而支架比吊架要稳定。

(5) 应关注管路支吊架的老化、疲劳问题,避免因支吊架老化松弛、管路固有频率下降而引发的共振现象。

3. 阻尼包覆

在非高温的管路段,还可以在管路表面粘贴或涂上弹性高阻尼材料。弹性高阻尼材料具有内损耗、内摩擦大的特点,能有效耗散管路振动能量,同时对管路噪声还具有一定的消声作用[5]。

在薄壁刚性管路外包覆了弹性阻尼层,阻尼层和刚性管则共同构成了复合结构。这类复合结构与单纯的刚性管相比,其特征阻抗存在较大变化,尤其在刚性管与阻尼管之间存在阻抗突变。因此,振动波在阻尼突变处产生了较大的损耗,阻尼包覆也就达到了控制管路振动的目的。

阻尼包覆的管路振动控制技术有两个突出优点:一是其不改变管路原有结构,与流体直接接触的管壁材料、厚度没有变化,对系统的可靠性没有不利影响;二是阻尼包覆的处理范围可以非常大,尤其适用于以弯曲振动为主的薄壁构件、零件。

目前常用的管路阻尼包覆减振结构有自由阻尼结构和约束阻尼结构两种形式。如图 6-12 所示,直接将阻尼材料粘附在薄板上,称为自由阻尼结构;在构件表面上铺设阻尼层后,再加一层约束层的结构称为约束阻尼结构,约束阻尼结构通过阻尼层在振动过程中承受交变变形来损耗能量,从而控制结构的振动[6]。

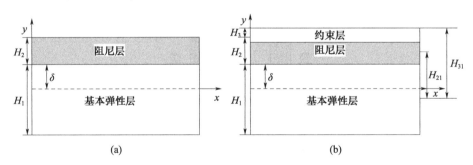

图 6-12 矩形截面梁自由阻尼与约束阻尼结构示意图
(a) 自由阻尼;(b) 约束阻尼。

常用的阻尼材料包括橡胶、涂层等。近年来也出现了金属橡胶等新型材料。金属橡胶是通过将金属丝加工成螺旋卷,再采用缠绕、编织等工艺制成毛坯,最后经冷冲压成型而得到。金属橡胶与传统橡胶一样具有非线性特性,同时还具有金属的耐高温特性,这对解决高温环境下管路系统的减振问题具有重要意义[7]。

4. 其他措施

除了上述振动控制措施外,还存在吸振器等其他控制手段。例如,管路系统中材料物理性质的突变、截面的突变、阀门的存在等,也会使弹性波在传播过程中遇到一个不连续处,或多或少反射或抑制一部分弹性波,从而起到隔离一部分振动的作用。

利用这一性质,可采用人为地制造管路材料的物理性质或截面的突变,使用直角结构或分支结构,使用弹性夹层、连接装置或阻隔质量等措施来对管路系统进行减振[2]。

6.4.2 第二、三声通道消声

第二、三声通道都涉及流体噪声。在船舶上,这类流体噪声主要包括空气噪声和液体噪声。流体噪声的成因很多,例如管路系统中泵源流量或压力的脉动,阀突然动作产生的流量突变、冲击,或其他外界干扰等。有时,管路系统的阻抗与流体噪声频率匹配,产生共振(谐振)现象,即使噪声源的能量很小,也会产生较为严重的噪声,破坏船舶的安静性。

加装消声装置是目前最常用的消声方法。消声装置与减振装置一样,可以分为主动(有源)和被动(无源)两大类。其中,无源消声装置又可以按照消声机理不同,分为抗性消声、阻性消声以及阻抗复合式消声。

1. 抗性消声

前文已经提到,利用扩张管、旁支管等声抗性元件,可使原来在管道中行进的噪声反射回去,而不消耗传播中的噪声能量。这类消声器具有明显的频率选择特性,特别适用于管道噪声的频谱中具有明显的峰值特征的情况,也更适合于低中频段[1]。根据元件选择的不同,抗性消声有两种技术路线:一类是扩张管;另一类是旁支管。

1) 扩张管式消声器

利用扩张管消声理论设计的抗性消声器,也被称为"扩张管式消声器"。简单扩张管式消声器,就是在主传声管道中加装一节具有一定长度,面积比起主管道要大的管子[8]。图6-13为一简单的扩张管式消声器示意图。

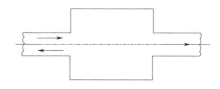

图 6-13 简单扩张管式消声器示意图

理论上,这种扩张管式消声器的最大消声量可随扩张比的增大而增大,但是工程结构就常常不能允许这种扩张管占有十分庞大的空间。另外,消声器存在通过频率,使消声功效受到很大制约[8]。如何使这种结构非常简单的扩张管式消声器能发挥更大的消噪功能,众多声学工作者为它的改进作了很多努力,并提出不少改进方案,下面着重介绍在噪声控制工程中已获广泛应用的两种方案:一种为连接式双扩张管方案,它可以在不加大扩张比条件下大幅度提高消声量;第二种是内插管式方案,它可以抑制通过频率,从而大大扩展消声频率通带。

(1) 连接式双扩张管方案。

这种方案是由两个扩张管,及中间一段横截面积与主管相同的短管连接构成,其原理见图6-14。图中虚线所示为主管部分。两个扩张管不仅可以在不扩大横截面积的情况下增大消声效果,还可以采用不同的扩张管长度来缩小通过频率范围。

(2) 内插管式方案。

内插管式方案就是将主管插入扩张管内的一定深度处,其原理见图6-15。这类扩张式消声器实质上是在扩张管内部形成了左右两个旁支管。

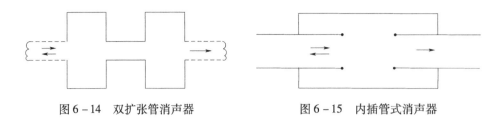

图 6-14 双扩张管消声器　　　　图 6-15 内插管式消声器

2)旁支管式消声器

旁支管的表现类型主要有赫姆霍兹共振器、1/4 波长管等。前文 6.2.3 节已经介绍，赫姆霍兹共振器是一种"共振式消声器"，它利用赫姆霍兹共振腔对共振频率处的声波拦截，减少该频率处的透射声强度。在实际应用中，由于赫姆霍兹共振腔是在一系列前提假设下构建的，所以应用这类消声器也需要满足相应的条件。主要包括：

(1) 目标频率的声波波长远远大于共振腔尺度；
(2) 共振腔体积远远大于腔口短支管体积；
(3) 腔体为刚性壁面。

由此可见，赫姆霍兹共振消声器的主要目标对象也是低频声波。

2. 阻性消声

阻性消声器主要是利用在管壁上或在通道中铺设吸声材料、结构，例如吸声棉、吸声涂层等，使噪声能量在管道中传播时不断被吸声材料所吸收，从而导致噪声的传播逐渐减弱[1]。阻性消声的元件种类繁多，其中常见的有多孔吸声材料、共振吸声结构、声学超材料等。

1)多孔吸声材料

多孔材料是目前应用最广的吸声材料之一，一般由固相和液相两种介质组成。固相为材料的骨架，液相为饱和流体（一般为空气）。骨架互相交错连接，从而形成网络结构，液相则充满这些孔。从微观角度分析，多孔材料的结构看起来杂乱无章，但是从宏观角度分析，其结构是均匀的。多孔材料主要包含三类：纤维多孔材料、泡沫多孔材料、颗粒类多孔材料[9]。具体分类如图 6-16 所示。

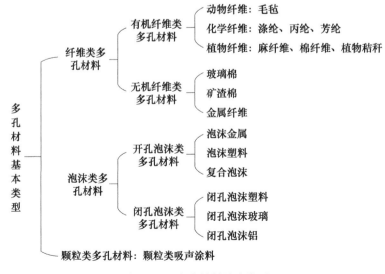

图 6-16 多孔材料基本类型

(1)基本原理。

多孔材料内部具有大量孔洞和缝隙,并互相连通。孔洞和缝隙的表面与外界接触,如图 6-17 所示。当声波通过孔洞和缝隙进入多孔材料后,引起孔洞和缝隙的空气运动,在黏滞力的作用下,与形成孔洞和缝隙的固体骨架发生摩擦[9]。摩擦将声能转化为热能,并通过热的传导、交换而耗散掉。

(2)评价指标。

多孔材料的吸声性能评价指标很多,除了和隔振装置一样的传递损失、插入损失、声压级差,还有吸声系数等特有的评价指标。吸声系数的定义为多孔材料吸收的声能与入射到多孔材料表面的总声能之比[9],如图 6-18 所示。

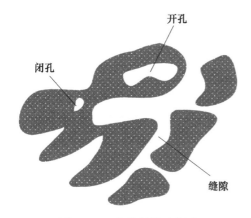

图 6-17　多孔材料示意图

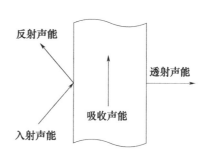

图 6-18　多孔材料吸声示意图

$$a = \frac{E_a}{E_i} = 1 - \frac{p_r^2}{p_i^2} \tag{6-33}$$

式中:a 为多孔材料的吸声系数;E_a 为多孔材料吸收的声能;E_i 为入射到多孔材料表面的总声能;p_i 为入射声波声压;p_r 为反射声波声压。显然,吸声系数 a 不可能大于 1 或小于 0。当 $a=0$ 时,表示没有吸声性能,声波能量全部反射;反之当 $a=1$ 时,表示声波能量全部被吸收,是理想的吸声材料[9]。一般而言,吸声系数大于 0.2 的材料,才被称为"吸声材料"。

需要特别指出的是,多孔吸声材料的吸声性能与声波频率有关。总体上,随着频率的提高,多孔材料吸声系数逐渐增大。但是,这种随着频率提高、吸声系数增大的趋势并不是单调的,而是在一定范围内存在起伏。随着频率的进一步提高,这种起伏也会慢慢缩小,最终吸声系数会趋近一个稳定值,如图 6-19 所示。

图 6-19 中,a_m 为峰值吸声系数,a_a 为第一谷值吸声系数,f_r 为第一共振频率,f_a 为第一反共振频率,f_2 为吸声下限频率,即吸声系数为 $a_m/2$ 时对应的频率。

(3)常见材料。

多孔材料在生活中也很多见。早期使用的吸声材料主要是天然材料,例如植物纤维,包括棉麻纤维、毛毡、甘蔗纤维板、木质纤维板、水泥木丝板以及稻草板等[10];或矿物颗粒,包括珍珠岩、蛭石、矿渣等;后来也逐渐加入了玻璃棉、矿渣棉、岩棉、晴纶棉、涤纶棉等人工材料。

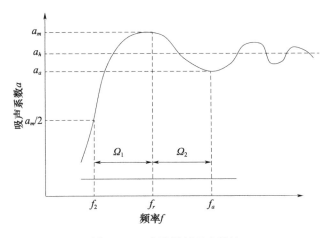

图 6-19 多孔材料吸声特性

而泡沫材料则根据泡沫孔形式的不同,可分为开孔型泡沫和闭孔型泡沫。前者的泡沫孔是相互连通的,属于吸声泡沫材料,如吸声泡沫塑料、吸声泡沫玻璃、吸声陶瓷、吸声泡沫混凝土等。后者的泡沫孔是封闭的,泡沫孔之间是互不相通的,其吸声性能很差,更多地用于保温,如聚苯乙烯泡沫、隔热泡沫玻璃、普通泡沫混凝土等[10]。

2) 共振吸声结构

共振吸声结构相当于多个亥姆霍兹共振腔的并联结构,如图 6-20 所示。可以参考前文所述的亥姆霍兹共振腔理论,当声波垂直入射到结构表面时,结构表面及周围的介质随声波一起来回振动。材料与壁面间的空气层相当于一个弹簧,如图 6-20(b),它可以起到阻止声压变化的作用[11]。这些在结构表面振动的介质相当于共振腔腔口的空气柱活塞,而吸声结构内部相当于共振腔体。

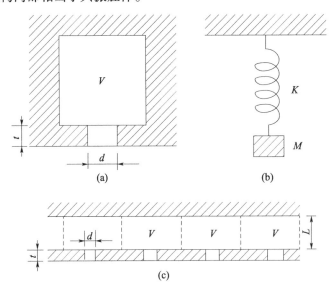

图 6-20 共振吸声结构及类比系统
(a)亥姆霍兹共振器;(b)机械类比系统;(c)穿孔板吸声结构。

显然,不同频率的声波入射时,这种共振系统会产生不同的响应。当入射声波的频率接近系统的固有频率时,系统内介质的振动很强烈,与结构内壁等产生摩擦,损耗大量声能,即声吸收最大。相反,当入射声波的频率远离系统固有的共振频率时,系统内介质的振动很弱,此时声吸收很小[11]。

在各种共振吸声结构中,以下两种最为常见。

(1)薄板共振吸声结构。

各类薄板固定在骨架上,板后留有空腔,就形成了薄板共振吸声结构。当声波入射到该结构时,薄板在声波交变压力激发下被迫振动,使薄板弯曲变形,出现了板内部摩擦损耗,而将声能转化为热能。在共振频率时,消耗声能最大。

(2)穿孔板吸声结构。

在普通薄板共振吸声结构上穿孔,就形成穿孔板吸声结构。金属板制品、胶合板、硬质纤维板、石膏板和石棉水泥板等,均可以作为板的原材料。穿孔板吸声结构的吸声性能与板厚、孔径、孔距、腔体厚度以及填充的吸声材料性质、位置有关。

它的吸声特性是以一侧频率为中心的"山"型,主要吸收中低频声能。如果多孔板的吸声结构的腔体中没有其他吸声材料,它的吸声系数最大能达到0.6。穿孔率不宜过大,通常以1%~50%为宜。穿孔率过大,则吸声系数峰值下降,且吸声带宽变窄。在穿孔板吸声结构空腔内放置多孔吸声材料,可增大吸声系数,并拓宽有效吸声频带,尤其当多孔材料贴近穿孔板时吸声效果最好[11],如表6-1所示。

表6-1 穿孔板吸声性能特点的不同影响因素

影响因素	构造	吸声特性	备注
穿孔板			
加大穿孔率			吸声峰向高频移动;如减小穿孔率,吸声峰向低频移动
缩小孔径			吸声峰向低频移动;加大孔径,吸声峰向高频移动
加大板后空腔			吸声峰向低频移动;减小空腔深度,吸声峰向高频移动
板后加衬多孔材料			吸声峰变宽;共振频率向低频作少量移动
加大面板厚度			共振频率向低频作少量移动

(3)声学超材料。

超材料不同于传统的、自然界中现有的材料,是一类人工设计的结构或材料,具有自然界材料所不具有的特殊物理性能,如负弹性模量、负有效密度等[12]。声学超材料的特殊物理性能能够更有效地利用声波和结构的相互作用,取得更好的降噪效果,为低频噪声控制提供了新的技术手段,具有巨大的应用前景,是噪声控制领域的研究热点之一。

3. 阻抗复合消声

在实际噪声控制工程中,噪声以宽频带居多。我们可以将阻性和抗性两种结构消声器组合起来使用,以控制高强度的宽频带噪声。常用的形式有"阻性-扩张室"复合式、"阻性-共振腔"复合式和"阻性-扩张室-共振腔"复合式等[13]。

著名声学专家马大猷教授等提出了微穿孔板消声器,也是一种阻抗复合式消声器。微穿孔板在传统穿孔板吸声结构的基础上,孔更加细密,板厚、孔径通常在1mm以下,穿孔率为1%~3%。因此比普通穿孔板吸声结构具有更大的声阻和更小的声质量,从而在吸声系数和吸声频带方面优于普通穿孔板吸声结构。

4. 有源消声

无论是阻性、抗性还是复合式消声器,只要是无源式,就很难对噪声信号特征线谱起到有效的控制效果。即使是专门用于消除线谱的脉动衰减器,由于其内部结构的共振频率在设计之初已经决定,衰减频带窄,自适应性能差,无法满足船舶机械设备的变工况需求。

同第一声通道的主动减振技术一样,流体有源消声技术采用次级源,主动抵消流体脉动产生的影响,适用于这一特征线谱控制问题,如图6-21所示。空气噪声的有源消声技术在降噪耳机、降噪耳塞上已有应用。

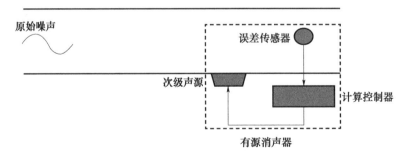

图6-21 有源式消声器基本原理

液体脉动有源衰减技术与结构振动、空气噪声有源控制技术的基本原理相同。利用误差传感器测得管内声波线谱信号的频率和相位,将信息发送给计算控制器,驱动次级声源发出频率相同、相位相反的声波,抵消原始噪声。考虑到这种抵消往往不能一次完成,需要不断通过计算控制,调整次级声源的强度、相位,以达到最好的抵消效果。这个迭代过程是否已经完成,同样通过误差传感器判定,即误差传感器检测到目标线谱已经足够微弱时,迭代结束。

6.5 小知识:挠性接管

船舶管路系统会由于外部冲击、压力及温度变化等原因产生较大相对位移,严重时会引起管路损坏,威胁船舶安全。因此,管路系统的位移补偿保护是一个不容忽视的问题。

船用柔性接管技术是应对上述问题的有效方法之一。柔性接管是一种橡胶基柔性复合材料管路元件,通常安装于管路设备进出口位置,用于在一定内压下输送流体。相比同尺寸的金属波纹管,柔性接管具有位移补偿量更大、减振性能更强的优点,因此在管路系统中得到广泛使用。

20 世纪五六十年代,国内从研仿苏联产品入手,开发了厚壁直通型柔性接管,典型产品如 PXG 平衡式橡胶接管,提供少量位移补偿作用,但几乎没有减振效果。20 世纪 90 年代,国内研制了多球形非平衡式柔性接管,典型产品如 KST 型橡胶柔性接管,位移补偿及减振性能明显提升,但无法直接用于高压管路系统。2000 年以来,国内先后成功研制了平衡管、肘形管及弧形管等多型大口径柔性接管,在海水管路系统隔振方面发挥了巨大作用。

船用柔性接管一般由橡胶管体以及与橡胶管体两端硫化为一体的金属法兰组成。橡胶管体由内至外,分为内橡胶层、骨架层及外橡胶层,如图 6-22 所示,各层通过硫化反应紧密连接为整体。根据管内输送介质以及使用环境的不同,管体橡胶层可选用合适的胶料种类,常用的有氯丁橡胶、天然橡胶、EPDM 及丁苯橡胶等。骨架层可选用尼龙、聚酯或芳纶等合成纤维。相比钢丝增强胶管,用合成纤维作为增强材料在比强度方面优势明显,更适合用于大口径管路系统。

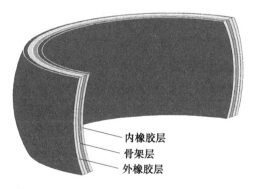

图 6-22 橡胶管体结构示意图(由内至外分别为内橡胶层、骨架层及外橡胶层)

随着管路系统隔振元件的研究工作不断深入,挠性接管应运而生。挠性接管相比于传统的橡胶软管,具有三方面的优势:

(1)可在设备与船体发生相对位移时起位移补偿作用,避免对设备、管路系统产生较大的作用力,保护设备和管路系统;

(2)减小设备振动和结构噪声通过管路系统向船体的传递,从而降低水噪声和空气

噪声,改善了船员的生活和工作环境,提高船舶安静性;

(3)当船舶受到水中冲击波作用时,可以大大减小冲击波能量通过管路系统向设备传递,从而对设备起保护作用,提高了船舶的可靠性。

上述优势得益于挠性接管的减振原理。一方面,挠性接管中的弹性胶管含有黏弹性材料,它具有内摩擦阻尼特性,可吸收管路系统的振动能量,转变为热能而耗散掉;另一方面,管路系统是一个连续的分布质量系统,由于挠性接管的插入,改变了管路系统的阻抗,从而形成了阻抗突变,阻碍振动的传递[14]。

目前,JYXR系列平衡式挠性接管是船舶领域应用最广泛的挠性接管之一。其规格可以从名字上获知。例如双弧形的挠性接管DN150,"DN"表示通径,后面数字的单位是"mm",即通径为150mm。

习 题

1. 简述管路振动噪声传递的3条路径,并分别列举对应的控制措施。
2. 简述空调系统空气噪声传递至船员的4条路径,并分别列举对应的控制措施。
3. 某船舶空调风机空气噪声只有三个频率成分:100Hz、200Hz、1000Hz,声强分别为50dB、43dB、30dB。查表发现,在100Hz、200Hz和1000Hz处,A计权增益分别为 −20dB、−10dB、0dB。请问,换算为A计权声级,该空调风机空气噪声为多少dB(A)?
4. 简述有源消声器的作用原理。
5. 简述挠性接管相比于传统橡胶软管的优点。

参考文献

[1] 杨小高. 基于一维多谐频声源的主动噪声控制[D]. 昆明:昆明理工大学,2012.

[2] 戴安东,陈刚,朱石坚. 舰船管路振动噪声控制措施综述[J]. 船海工程,2001(S2):75−78.

[3] 孙凌寒,段勇,尹志勇. 船舶管路系统振动噪声控制标准研究[C]//船舶力学学术委员会水下噪声学组,船舶振动与噪声控制国防重点实验室. 第十四届船舶水下噪声学术讨论会论文集. 重庆:中国船舶科学研究中心《船舶力学》编辑部,2013:392−399.

[4] 王永胜. 管路支吊架及其在舰船中应用综述[J]. 船舶,2009,20(04):25−29.

[5] 沈惠杰,李雁飞,苏永生,等. 舰船管路系统声振控制技术评述与声子晶体减振降噪应用探索[J]. 振动与冲击,2017,36(15):163−170+209.

[6] 尹志勇,吴江海,孙凌寒. 管路阻尼敷层减振效果评估研究[J]. 船舶力学,2018,22(08):1039−1046.

[7] 肖坤,白鸿柏,薛新,等. 金属橡胶包覆阻尼结构的高温耗能特性[J]. 机械工程材料,2019,43(09):28−32.

[8] 陈斌. 汽车排气系统的降噪特性理论研究[D]. 南京:南京航空航天大学,2011.

[9] 赵毅. 多孔材料吸声性能仿真分析与优化[D]. 重庆:重庆大学,2019.

[10] 李海涛,朱锡,石勇,等. 多孔性吸声材料的研究进展[J]. 材料科学与工程学报,2004(06):934-938.

[11] 高玲,尚福亮. 吸声材料的研究与应用[J]. 化工时刊,2007(02):63-65+69.

[12] 李宏伟,王鹏. 吸声超材料研究进展[J]. 材料开发与应用,2019,34(03):6-15.

[13] 倪敏化. 消声器原理及其工程应用[J]. 电声技术,2006(03):55-57.

[14] 邓亮,周炜,何琳. JYXR型挠性接管减振性能试验研究[J]. 船海工程,2002(04):9-11.

第 7 章 桨轴噪声控制技术

7.1 桨轴系统概述

船舶桨轴系统由轴系和螺旋桨组成。动力设备的功率通过轴系传递给螺旋桨,同时,轴系将水对螺旋桨的推力传给船体,使船体运动,如图 7-1 所示。

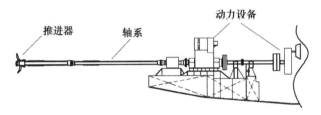

图 7-1 桨轴系统结构示意图

桨轴系统的噪声根据来源可以进一步分为螺旋桨噪声和轴系噪声。这些噪声既包括螺旋桨的转动噪声、轴承的摩擦声等,也包括螺旋桨传递的推力、扭力通过轴承、基座激励船体而产生的噪声。

7.2 螺旋桨噪声及控制方法

7.2.1 螺旋桨噪声分类

1. 唱音

螺旋桨叶片在来流湍流、边界层压力起伏和随边涡发放产生的起伏升力作用下发生振动。一般情况下这种振动是小振幅的线性振动，不会成为重要的噪声源。但是当随边发放的规则涡产生的起伏升力，正好激励叶片共振时，叶片发出很强的单频噪声，称为"唱音"。唱音是一种螺旋桨叶片局部共振的结果。

螺旋桨一旦发生唱音，噪声的频谱级将增加十几分贝。而且船舶螺旋桨唱音的中心频率一般在几百赫兹到两千赫兹之间，传播距离远，又恰好是水声探测系统比较敏感的频段，因此唱音使船舶的安静性遭到极大的破坏。唱音是必须绝对避免的，研究表明，产生唱音需具备两个条件：一是在随边尾流中能形成规则的（周期性的）涡列，它对叶片产生单频激振力；二是涡发放频率与叶片的某阶共振频率相一致，而且两者耦合足够强。因此只要破坏这两个条件中的一个就可以避免唱音。

螺旋桨唱音有一个突出特点，其依赖于一些不重要的特性，例如，实际工程中经常能够碰到一组表面上看来都是一样的螺旋桨，只有一个有唱音，其余的都没有唱音的现象。事实上，最常见的只是螺旋桨的一个叶片有唱音，并且唱音发生在它旋转过程的一部分时间内，偶尔也有两个叶片同时有唱音，但频率稍有不同，因为桨叶是否有唱音取决于物理上的一些很小的差异。

2. 空化

随着螺旋桨的转动，螺旋桨叶片背面的压力降低，桨叶正面和背面的压差产生螺旋桨推力。当局部压力下降到该温度下水的蒸汽压时，一部分水汽化形成肉眼可见的气泡（空泡），这种现象称为"空化"。气泡随水流运动，当运动到压力大的区域时，会发生溃灭，导致介质剧烈运动，形成声脉冲，大量气泡溃灭产生的噪声就是空化噪声。这种噪声是宽带噪声，具有中高频特性[1]。

在流体力学中用无量纲量——空泡数描述空泡现象。螺旋桨的叶梢空泡数定义为

$$\sigma = \frac{P_0 - P_v}{(1/2)\rho_0 U_t^2} \quad (7-1)$$

式中：P_0 为螺旋桨上的静压力；P_v 为水的汽化压力；ρ_0 为水的密度；U_t 为叶梢的速度。刚刚开始空化时的空泡数称为临界空泡数 σ。

螺旋桨空化分为梢涡空化、叶背面空化和毂涡空化三种。一般情况下螺旋桨空化起始于梢涡空化。空化气泡进入高压区后溃灭时产生冲击波。大量空化气泡的随机溃灭产生的噪声辐射是十分强烈的。一旦螺旋桨发生空化，空化噪声几乎总是成为压倒一切的噪声源。

螺旋桨空化噪声高频段大致以 6dB/倍频程的斜率下降。这是大量实验的总结，也能够从理论上阐明。螺旋桨空化也会大大增强螺旋桨的叶频噪声，增加螺旋桨对船舶尾部船体的激振力。因为空化气泡往往受到叶片扫掠的调制，也会增加叶频分量。

随着船舶航速的增加，有一个螺旋桨开始空化的航速，此时高频辐射噪声突然增大，这个速度称为船舶的临界航速[1]。对于潜艇，空化起始所需的速度会随潜入深度的增加而增加。螺旋桨的临界航速随着深度（静压力）的增加而增加，这可以从空泡数的定义看出。假设临界空化数是一个常数，忽略比 P_0 小得多的 P_v，得到螺旋桨的临界航速与静压力的平方根成正比，即大致与深度的平方根成正比。

任何一艘船舶一旦发生空化，空化噪声就是它的主要噪声源，其辐射噪声宽带总声级会突然增加 10~20dB，频谱涵盖低至 5Hz、高至 100kHz 的全部辐射频谱[2]。因此推进器

噪声控制研究的首要目标就是尽量推迟空化的发生,即无空泡的临界航速越高越好。最理想的情况是螺旋桨在整个转速范围内不发生空化。

3. 其他噪声

1)转动噪声

螺旋桨在未产生空泡时的噪声包括线状谱(离散谱)和连续谱两部分。线状谱部分由作用在叶片上的稳定的推、扭力产生,常称为转动噪声[3]。螺旋桨转动时桨叶上产生推力和扭力,相当于桨叶对周围水介质作用同样的力。螺旋桨每旋转一周,其转动中心固定点的受力也相应地存在周期性的起伏变化,这个起伏变化的频率可以称为"轴频";同理,对于螺旋桨桨叶而言,其对转动中心固定点的激励力,也会按照叶片的扫掠频率起伏变化,这个频率也称为"叶频"。轴频和叶频噪声以力源或偶极子源的形式辐射。

从定义可以看出,叶频一般是轴频的整数倍,而且这个倍数和桨叶数有关。由于实际工程中,叶频噪声往往大于轴频噪声,我们这里说的"转动噪声"也是以叶频为基频的各次谐波线谱。当螺旋桨的伴流场均匀时,这些线谱的幅度很小。但是当螺旋桨的伴流场中存在起伏周期与叶数或其整数倍相等的分量时,螺旋桨转动与伴流场发生强耦合,也可能产生辐射较强的谐波。

2)随边涡流噪声

研究表明,螺旋桨噪声的连续谱由下面几个原因产生[3]:

(1)桨叶随边的涡发放产生的涡旋噪声;

(2)由来流入射到桨叶上的各种不稳定流动,即来流中的速度起伏产生的推力起伏辐射的噪声;

(3)叶片表面上形成的边界层压力起伏辐射的噪声;

(4)尾流直接辐射的噪声。

其中,压力起伏噪声、尾流直接辐射噪声在工程上通常都很弱。来流中速度起伏产生的那部分噪声只有当来流较强或湍流度很大时才有重要贡献。

根据运转速度(及相应的雷诺数)和随边形状,桨叶随边发放的涡可能是周期性的规则涡列,也可能是准周期性的或随机的涡场。这种涡列和涡场可产生强烈的升力起伏,因此,一般情况下,由桨叶随边引发的涡旋噪声是螺旋桨在非空化状态下噪声连续谱的主要成分。

7.2.2 螺旋桨噪声控制方法

1. 外形及材料优化

1)七叶大侧斜桨

为了降低螺旋桨噪声,潜艇的螺旋桨与普通船舶大为不同,多为七叶大侧斜螺旋桨。这种螺旋桨可显著降低螺旋桨的振动噪声水平。下面从侧斜结构和桨叶数两方面对其原理进行介绍。

大侧斜桨叶的主要特点是边缘沿着螺旋桨转动方向有一个很大的后掠角,如图7-2所示。螺旋桨的侧斜程度一般采用百分比来衡量,即侧斜角与360/桨叶数的百分比,此百分比超过 50% 可以称为大侧斜螺旋桨。这样，在非均匀流场中，使桨叶不同半径的切面，不会同时进入高伴流区。这种桨叶侧斜和伴流的"失配"，减小了由桨叶产生并通过轴系传递给船体的非定常轴承力，同时桨叶侧斜也降低了叶片上空泡的体积在桨叶旋转一周中的变化率，进而降低了由桨叶产生通过流场传递到船体的表面力。因此大侧斜桨具有明显的减振及降噪效果。尤其在潜艇推进器的设计中，为了降低螺旋桨的噪声，大侧斜螺旋桨成为其首选对象[4]。

图 7 - 2　七叶大侧斜螺旋桨

螺旋桨桨叶数是桨的重要参数，一般桨叶数增大，相同情况下每个桨叶上的推力减小，螺旋桨产生的压力也有下降的趋势[4]。同时，在螺旋桨直径一定的情况下，为了产生相同的推力，一般桨叶数越多，转速可以越小，这有利于舰船振动噪声的控制。但是，桨叶数不是越多越好。例如，高桨叶数也会导致叶片根部间隙变小，加剧空化问题；而且高桨叶数会大大增加加工成本。权衡以上因素，目前潜艇螺旋桨桨叶数以七叶居多。

2) 抗鸣边

抗鸣边的一个重要作用是消除唱音。通常具有较直导边的叶片比弯曲导边的叶片更容易产生唱音。另外，对螺旋桨进行反唱音随边设计，采用高阻尼合金材料来制造桨叶，或者用振动阻尼处理来减小共振响应也可避免唱音。甚至叶片上的空化气泡，也会吸收振动能量而增加阻尼，当空化变得明显时，唱音也就停止了。因此，在有关文献中，出现相互矛盾的解决方法不足为奇，例如，已报道过把导边削尖、把随边削尖或把随边削钝等，均可以消除唱音。上述这类做法也被称为"抗鸣边"。

3) 复合材料

螺旋桨长期以来以金属材料设计为主，例如锰青铜(Manganese Bronze)、铝青铜(Aluminum Bronze)、铸铁(Cast Steel)、镍铝铜(Nickel Aluminum Bronze)、不锈钢等。金属材料具有硬度大、变形小、屈服强度高等优点，但同时也存在阻尼性能差、质量大等特征，容易产生唱音、传递振动、出现空泡腐蚀和诱发疲劳裂纹现象等。

近年来，复合材料逐渐成为螺旋桨材料的"新宠"。所谓"复合材料"(Composite Material)，是由两种或两种以上不同性能、不同形态材料通过复合工艺而形成的新型材料。复合材料既能够保持原有材料的性能优点，又能够通过复合效应获取单一材料不可能具备的性能。

相比于金属材料，复合材料具有高的比强度和比刚度，因而可以大大减轻螺旋桨的重量。另外使用更轻的复合材料意味着桨叶的厚度可以设计得更厚和易于变形，以推迟螺旋桨的空化起始速度。复合材料还具有减少腐蚀和空泡损伤、改善疲劳特性、较好的材料阻尼特性及减少全寿命周期费用等优点。最重要的是,复合材料具有可设计性,即可利用复合材料具有的独特弯扭耦合效应,依据螺旋桨受力条件和桨叶结构形状,事先通过合理安排桨叶的纤维方向和铺层顺序,使螺旋桨桨叶在水动力载荷作用下产生弯曲变形的同时,也产生有利的扭转变形,而使扭转变形改变桨叶各半径叶切面的螺距角大小,以此建立材料铺层和螺旋桨水动力性能之间的关系,利用该机理使复合材料螺旋桨自动调节桨叶变形以达到改善其水动力性能的目标[5]。

当然,复合材料螺旋桨还有很长一段路要走。虽然其应用最早可以追溯到20世纪60年代拥有直径2m的复合材料螺旋桨的苏联渔船,但时至今天,船用复合材料螺旋桨主要还用于小型游船和游艇,大型船舶的应用仍属少见。2015年,日本中岛公司与日本船级社为"太鼓丸"号(Taiko Maru)化学品货轮开发了柔性复合材料螺旋桨,能够大幅降低噪声和振动[6]。

2. 泵喷推进技术

当前国外一些先进潜艇上,泵喷推进器已经开始取代广泛应用的七叶大侧斜螺旋桨。潜艇泵喷推进器的推进效率与普通螺旋桨接近,但噪声大大降低。

泵喷是由导管、定子和转子构成的组合式推进装置,如图7-3所示。其中,导管罩住转子和定子,它是泵喷推进器内外流场的控制面。导管罩除了能够对流场进行一定的控制外,其如果采用具有吸声的材料制造,还可以在一定程度上起到屏蔽转子及内流道噪声的效果。实际工程中,为了推迟转子叶片的空化、降低转子的噪声,通常采用能降低转子入流速度的减速型导管。泵喷推进器的定子为一组与来流成一定角度的固定叶片,其作用包括三个方面:一是使入流在和转子接触前产生预旋,使得流场更稳定;二是吸收通过转子后尾流的旋转能量,提升推进效率;三是支撑、固定导管。泵喷推进器的转子与螺旋桨的结构类似,是一组旋转叶轮。其通过与水流的相互作用产生推力,推动潜艇航行。

图7-3 泵喷推进器

一般而言,泵喷推进器可根据转子和定子的前后位置分为两类:定子布置在转子前面,称为"前置定子式",定子布置在转子后面,则称为"后置定子式"。"前置定子式"泵喷推进器的定子可以使潜艇尾部流入导流罩的水流,在接触转子之前,就产生一定程度的预旋,起到均匀来流、改善转子进流条件的作用,从而降低推进装置的噪声。"后置定子式"泵喷推进器的定子可以回收流过转子后,仍在导流罩中尾流的部分旋转能量,从而提升泵喷的推进效率。由此可见,如果追求安静性,前置定子式泵喷推进器更加合适;如果追求机动性,后置定子式泵喷推进器则是更好的选择。因此,潜艇上大多采用前置定子式泵喷,而后置定子式泵喷则多见于鱼雷。

文献资料表明,与七叶大侧斜螺旋桨相比,潜艇采用泵喷推进器具有以下特性[7]:

(1)推进效率高。泵喷推进器的定子(无论前置或后置)可以减少推进器尾流中的旋转能量损失,增加有效的推进能量;泵喷推进器的导管(无论是减速导管还是加速导管)可以减少转子叶梢滑流损失、增加有效推力,从而提高泵喷推进器推进潜艇的效率。泵喷推进器与艇体匹配良好的泵喷推进潜艇,其推进效率可以达到 0.80~0.85。

(2)辐射噪声低。泵喷推进器的辐射噪声低是由于:①泵喷推进器的转子在导管内部,导管可起到屏蔽和吸声的作用,另外,位于前方的定子可以使转速进流更加均匀,从而减少转子的脉动力,降低推进器的线谱辐射噪声;②泵喷推进器旋转叶轮(转子)的直径一般小于螺旋桨,在相同转速下,泵喷推进器旋转线速度较低,可以降低推进器的旋转噪声。国内外研究和应用表明:低航速下,泵喷推进器的低频线谱比七叶大侧斜螺旋桨小 15dB 以上,宽带谱声级总噪声下降 10dB 以上;高航速下,泵喷推进器的降噪效果更为明显。

(3)临界航速高。泵喷推进器采用减速导管和前置定子,使叶片处的进流场速度相对较低且更均匀,从而推迟了叶片梢涡和桨叶空泡的产生,提高潜艇的低噪声航速。

(4)构造复杂、重量大。泵喷推进器是一种组合推进器,构型和结构比螺旋桨复杂得多;而且对于导管、定子和转子以及艇体之间的相互配合要求很高,给泵喷推进器的设计、制造和安装带来一定困难。泵喷推进器的重量是普通螺旋桨的 2~3 倍,对艇体的配平、艇体尾部结构强度和推进器轴系的振动等带来较大的影响。

7.3 小知识:东芝事件

1987 年 4 月 30 日,东芝机械公司因涉嫌违反《外汇及外国贸易管理法》被提起诉讼。诉讼的起因是一个人:熊古独。1985 年 12 月,日本和光公司的熊古独多次向"巴黎统筹委员会"(简称"巴统")举报,早在 1981 年 4 月,日本东芝机械公司、挪威康斯伯格公司等相关公司代表与苏联秘密签署协定:东芝机械公司向苏联提供 4 台 9 轴数控机床,总价值约 35 亿日元。这批数控机床是加工潜艇低噪声螺旋桨的关键设备,属于"巴统"贸易管制规则范围内的禁运设备。此案一出,国际舆论一片哗然。这就是冷战期间对西方国家安全危害最大的军用敏感高科技走私案件之一:东芝事件[8]。

事实上,东芝机械公司与挪威康斯伯格公司联合向苏联出口数控机床,并非始于 80 年代。早在 1974—1980 年,东芝机械公司就经康斯伯格公司之手向苏联出口过 5 轴数控机床。不过,70 年代美苏关系缓和,巴统对与"共产党国家"的贸易管制也相对放松。但这一次不同,这种 9 轴数控机床能够加工直径 40 ft 的潜艇推进器,对于苏联来说,正可谓雪中送炭。但是,对于美国来说,却不得不因此而额外支出 3300 亿美元用于改进海军军事技术和提高海军军备水平[8]。

1982 年 12 月至 1983 年 6 月,这批设备在日本装船。1984 年初,苏联将这批设备投入使用。直到1985年12月,苏、日秘密协议当事人之一的熊古独因与他的雇主发生纠纷而辞职,并愤而向巴统主席盖尼尔·陶瑞格揭发了东芝事件。美国政府在接到熊古独的揭发材料以后,立即要求日本政府调查事实真相。日本政府先后在1986年4月、6月、12月和1987年3月,数度断然否认美国的指控,直到1987年4月才开始转变立场。

在美国的压力下,日本警视厅对东芝公司进行突击检查,查获了全部有关秘密资料,并逮捕了涉案人员。当时的日本首相中曾根康弘不得不向美国表示道歉,并花费1亿日元在美国的50多家报纸上整版刊登"悔罪广告"。

7.4 轴系噪声及控制方法

船舶机舱通常设置在船体中部偏后的位置,距船尾有一定距离。因此,动力设备对螺旋桨的扭力、螺旋桨对船舶的推力都需要通过轴系传递。轴系通常包括多个轴段和相应的轴承、联轴器等装置和结构,如图7-4所示。不同船舶轴系的长度不等,中大型船舶的轴系可能达50m以上。这样长的传动轴系想要做成一整根是不可能的,为了加工、制造、运输、拆装方便,往往把它分成很多段,并用联轴器连接起来,与相应的轴承形成一个整体。根据轴段所处位置的不同,一般可分为螺旋桨轴、艉轴、中间轴和推力轴等。这个分类方法不是固定的,也不是每条船都有这些轴段。例如,有的中小型船舶布置在舷外的轴系较短,螺旋桨轴和艉轴可以做成一个整体。采用间接传动的推进系统,推力轴通常和齿轮箱做成一体,不再设置单独的推力轴。

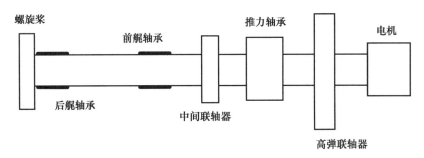

图7-4 推进轴系结构图

此外,为了使传动轴正常稳定运转,还需要沿传动轴设置合适的轴承及配套的润滑冷却装置。根据轴承功能的不同,可将轴承分为推力轴承、辅推力轴承和支撑轴承三大类。其中以推力轴承和支撑轴承尤为重要和常见。在船舶推进轴系上,一般仅设置一个推力轴承,位于主机和减速齿轮箱的后端。而推进轴系上的中间轴承和艉轴承都是支撑轴承,起到支撑轴段的重量及传动轴回转时产生的径向载荷的作用。中间轴承设置在船体内部,数目随中间轴的长度和数目而定,往往采用油润滑的方式。而艉轴承则设置在船体与外部水环境之间。

7.4.1 轴系噪声分类

1. 轴承摩擦

1）推力轴承

推力轴承按照其工作原理可分为滑块式推力轴承和滚动式推力轴承（推力球轴承或者推力滚子轴承等）两大类，如图7-5所示。

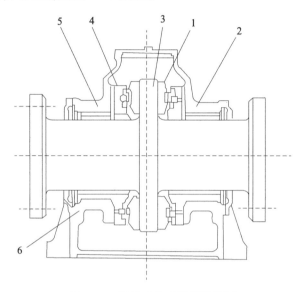

图7-5 滑块式推力轴承结构图
1—推力块；2—端支持轴承；3—推力轴上推力环；4—销子；5—轴承盖；6—轴承座。

常见的滑块式推力轴承有米歇尔式和金斯伯雷式两种，均采用润滑油进行润滑，如图7-6和图7-7所示。其工作原理为：当传动轴开始转动时，推力轴承上的推力环将润滑油带入如图7-5所示的推力瓦块与推力环的间隙，并使推力瓦块产生了一定的倾斜。此时润滑油在推力环的带动下，会在环块间隙内形成楔形的润滑油膜，这种油膜具有很高的承载能力，既实现了推力环与推力瓦块间的液体润滑，也避免了环块的直接接触，从而稳定地传递了传动轴的推力。

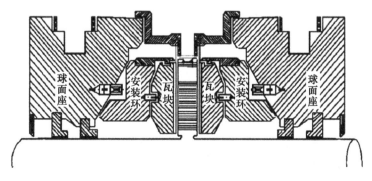

图7-6 米歇尔式推力轴承

图7-7 金斯伯雷式推力轴承

滑块式推力轴承具有如下特点:①承载能力大,最大可达3.5MPa;②结构相对复杂,安装的要求比较高;③工作时润滑油剪切作用会产生热量。油温过高会引起润滑油变质,同时导致推力轴承部件产生热膨胀,严重影响润滑效果,需要采取措施对润滑油进行冷却。

滚动式推力轴承的特点与滑块式相反。这种滚动式推力轴承的优点是摩擦损失小,传动效率高,但缺点是承受推力小且噪声较大,如图7-8所示。

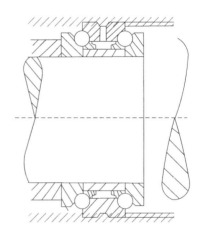

图7-8 推力滚子轴承结构图

因此,大中型船舶多使用安装维护复杂、但承载力更大的滑块式推力轴承,而中小型船舶则多采用滚动式推力轴承。

2)艉轴承

艉轴承和其他轴承的最大区别在于,其除了承担轴系和螺旋桨施加的各种载荷,还需要起到阻止船外的水倒灌进舱的密封作用。因此,艉轴承的润滑问题尤其凸显。

船舶艉轴承的润滑方式通常包括油润滑和水润滑两种。油润滑轴承的轴承材料主要为"巴氏合金",也叫"白合金"。艉轴承油润滑的机理与推力轴承不同。因为艉轴承的实际润滑面积相对较小,仅靠润滑油流体的动压润滑,无法产生足够的油膜力来将传动轴和轴承轴瓦分开。因此,油润滑艉轴承需要增加外部的液压装置,即引入液压油源以提供静压力来实现轴承的完全润滑,如图7-9所示。

油润滑轴承虽然有运行稳定、精度高和噪声低的优点,但是也存在润滑油泄漏的问题。据统计,全球每年平均释放进海洋的石油保守估计为130kt,其中12%就是来自船舶航行时的泄漏。这不仅极大地浪费了矿物油,还对水路航道和沿路的航洋陆地环境造成了严重的污染。为了解决这一问题,就必须投入更多的人力物力去研究更为精密复杂的密封装置。这样艉轴承结构就会变得更为复杂,不仅不利于制造维修,可靠性和抗冲击能力也会下降。

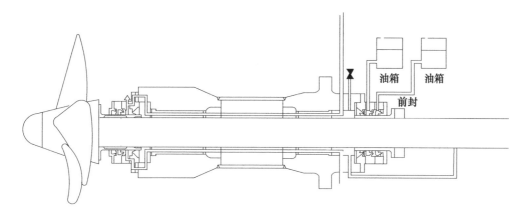

图7-9 船舶油润滑艉轴承结构图

因此,用水代替油作为轴承的润滑介质,不仅可以从根本上解决润滑油泄漏的问题,也省略了复杂的密封装置,简化艉轴承结构。目前,针对船舶漏油污染不断出台环保法案和罚款措施,水润滑轴承逐渐成为船舶艉轴承的主流选择。

当然,水润滑也并非全是优势。一个显著的劣势就是"摩擦"。

事实上,无论是推力轴承还是艉轴承、油润滑还是水润滑,都不可避免地存在一定的摩擦。但相比于油润滑,水的黏度仅为同等情况下油的 $1/100 \sim 1/20$,导致水膜的厚度更薄,承载力更小,水膜的形成也更为困难。因此,当艉轴承在启动/停车以及低速等非流体润滑工况下工作时,水膜不易形成,轴承无法形成良好水润滑状态。这时便容易发生干摩擦和边界水润滑摩擦,使得轴承橡胶板条与艉轴发生过度接触并产生摩擦生热,摩擦系数急剧上升,最终导致轴承材料烧焦,使轴承遭到破坏并失效,同时产生异常摩擦振动噪声,对轴承的安全性和船舶的安静性造成严重的影响。同时,如果摩擦力的激励频率与轴系相关部件的固有频率接近时,还可能激发相应部件的共振,从而引起部件失稳并导致异常噪声。

2. 轴系振动

轴系振动问题可以分成两个方面:一是轴系对其他噪声源,例如螺旋桨、动力设备的振动传递;二是轴系本身也是一项噪声源。

一方面,螺旋桨的推、扭力通过轴系、推力轴承传递到尾部壳体,激励壳体振动并产生噪声。如果激励频率与船体发生耦合共振,将产生异常噪声;另一方面,如果把螺旋桨看成一个质量块,传动轴看成一根具有一定刚度的弹簧,推进轴系便成为一个简单的"质量-弹簧"系统。这个系统有其固定的自振频率。如果螺旋桨在不均匀伴流场中产生的非定常激励力振动频率与这个质量-弹簧系统的共振频率相接近时,还会产生强烈振动。

这些异常噪声和振动,不仅容易导致推力轴承、弹性联轴节因工作环境恶化而损坏,还会导致船舶安静性能恶化。因此轴系也存在减振需求,不仅有利于降低船舶尾部噪声,还能有效提升轴系运行安全性。

7.4.2 轴承摩擦控制

1. 设计改进

从设计角度控制轴承的摩擦振动,可以从结构、材料两方面入手。

1) 结构方面

轴承的结构参数包括轴承的间隙比、长径比、直径、导水槽结构等。轴承的间隙比为设计半径间隙值与轴承直径之间的比值;轴承的长径比为轴承长度与直径的比值,长径比对轴承承载能力有较大影响;直径是轴承的内径;导水槽结构参数包括水槽的数量、水槽排布、水槽的截面形状等[9]。

长径比、直径等参数与轴系设置有关,而控制导水槽面积,则是目前降低轴承摩擦的主要方法之一。

导水槽是水润滑轴承常见结构。相比于油润滑,水的黏度更低,水膜较薄,承载能力有限。在实际使用中更容易出现轴颈与轴承的直接接触,发生干摩擦而损坏轴系。同时水中所存在的杂质也会对轴颈、轴承表面以及水膜造成破坏。因此,在水润滑轴承结构设计中设计导水槽结构,以提高其润滑、散热和排除杂质的能力。但是,导水槽也会破坏动压润滑水膜的连续性,提高轴承完全动压润滑的临界转速,使其更容易产生异常摩擦噪声。因此合理的导水槽设计是水润滑滑动轴承结构设计中最重要的部分之一,不同的导水槽布置方式如图 7-10 所示。

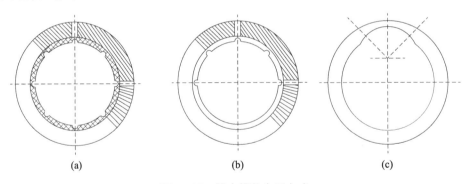

图 7-10 导水槽的布置方式
(a) 整周水槽;(b) 上半周水槽;(c) 大圆弧水槽。

2) 材料方面

采用更低摩擦系数、低磨损的轴承材料是目前主要的摩擦控制思路之一。研究发现,如果只用单一的材料作为轴承材料,就会受到材料本身缺点及使用环境的较大限制,而将两种甚至两种以上的材料进行共混改性,则能够得到集几种材料优点于一身的新型复合材料,显著降低摩擦系数,提高耐磨损性能。

根据报道,目前国内外学者研制出的轴承用复合材料有 SPA 材料、氮化硅陶瓷等。SPA 材料是将丁腈橡胶与超高分子量聚乙烯共混之后得到的,这种材料有着非常好的自润滑性能和摩擦性能,并且成本低廉;氮化硅陶瓷复合材料则是在油润滑条件下可以得到很小的摩擦系数和磨损量。

2. 无轴推进

美国海军从20世纪60年代开始,对无轴推进技术展开了长期的探索。通用电船公司的一份解密报告表明,通过对包括机械推进、舱内电力推进、舷外电力推进等11种不同的推进方式的比较分析,舷外无轴电力推进方式无论在高速航行、低速航行、悬停等状态下,自噪声和辐射噪声均能得到更好的控制。

无轴推进系统主要由转子、桨叶、轴承、定子、外壳(导罩)等组成,见图7-11。转子属于无轴推进系统电机的一部分,其转动的动力由电机提供。转子与桨叶连接,电机驱动转子转动的同时,桨叶随之转动,形成推力。桨叶带动的水流也会通过冷却结构进入电机,润滑轴承且降低电机工作温度[10]。

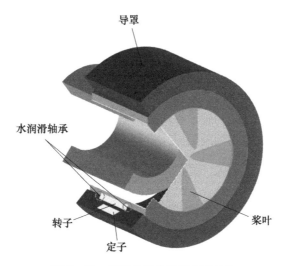

图7-11 无轴轮缘推进器主要结构

无轴推进的轴承有两个,分别位于转子的前后两侧。两个轴承将转子夹在中间,一方面固定了转子的轴向相对位置;另一方面,当转子转动形成推力后,两个轴承直接向船体传递转子的轴向推力。

采用无轴推进系统后,相比于现有螺旋桨、泵喷等通过轴系传动的推进系统,有如下优点:

1)推进效率高

一方面,采用无轴推进技术,可以使船舶尾部结构线型得到进一步优化,提高船体流体性能和水动力特性。根据仿真测算,采用无轴推进技术后,船舶航行阻力可减小5%～10%[11]。另一方面,无轴推进技术直接使用海水散热,节约了冷却系统的能源消耗,电机散热效果好,其热负荷设计更高,不仅提高了电机功率密度,也改善了全船的能源利用效率。

2)空间利用率高

一方面,传统船舶的传动轴系长度往往要占据船舶全长的15%～20%,即使采用常规的电力推进系统,其轴系虽然较短,但仍然采用机械形式传递能量,占用船舱空间。另一方面,无轴推进技术的转子是直接由电机电磁力驱动,并带动桨叶旋转,不需要轴和变速箱等其他轴系设备。据报道,采用无轴推进技术可以减小动力系统占用空间的60%～

70%,提高整体空间利用率的15%~25%[10]。

3)安静性能好

在船舶运行过程中,由传统轴系、齿轮箱等传动机构运动所产生振动噪声,在船舶总噪声中贡献较高,尤其是对潜艇等特殊船舶的隐蔽性能造成威胁。无轴推进技术取消了这类设备、装置,从源头上消除了噪声源。

7.4.3 轴系减振

推进轴系振动控制技术有很多,包括轴系改进设计、纵向减振器、复合材料轴系、新型推力轴承、动力吸振器、轴系减振浮筏等[12]。这里仅对部分常见技术举例说明。

1. 轴系减振器

1)纵向减振器

纵向减振器在与推力轴承、推力中间轴连接的同时,提供较低的纵向刚度。相当于在螺旋桨和动力设备、船体之间,安装了一个柔软的弹簧。在传递动力设备扭力和螺旋桨推力的同时,减小了纵向振动的传递。

一类已投入船舶工程应用的轴系纵向减振器如图7-12所示,通过活塞在阻尼油箱中来回挤压阻尼油来达到减振的效果。

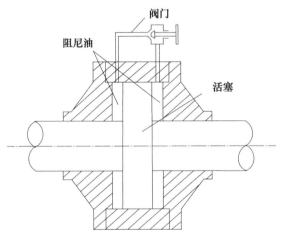

图7-12 纵向减振器

2)动力吸振器

动力吸振器不仅可以应用于轴系,也可以应用于机械设备的减振和第一、二声通道的振动传递控制。其基本原理是在主要振动系统上附加一个子结构(也就是"吸振器"),通过适当选择吸振器的结构形式、动力参数以及与主系统的耦合关系,使得主系统的振动能量在主系统和吸振器之间重新分配,进而在预期的频段上,减少主系统的振动响应[12]。

国外就有报道,采用共振转换形式的动力吸振器减小推进轴系的纵向振动。该装置以推进轴系纵向振动的固有频率为调谐频率,消减推进轴系纵向振动的峰值。Anderson申请了一种具有隔振功能的潜艇推力轴承设计专利,采用多个液压缸传递螺旋桨推力,油缸与大容积蓄能器连接,利用液体的微小可压缩性隔离轴系纵向振动,还具有对轴系不对中的补偿能力。从英国国防部标准《主推进轴系辅助设备》可了解到,这类隔振装置(Resonance Changer,RC)已作为一种标准设备装备部分舰船,其主要功能是"当轴系固有频率与螺旋桨脉动重合时,调节推力轴承刚度以减小轴系振动",以及"利用液压油的可压缩性形成缓冲垫,以减小推力轴承刚度"。Dylejko 以实际潜艇结构参数为基础对 RC 的性能进行了优化研究,分别以加权力传递率和加权时间平均功率流最小化作为目标函数进行 RC 参数优化,仿真结果表明其可将轴系纵振固有频率由 55Hz 降低至 16Hz。但是,这类减振装置结构复杂,维护负担重,而且其固有频率较高、作用频段较窄,隔振效果难以满足低频、宽带的控制要求[13]。

2. 轴系减振浮筏

轴系减振浮筏是一种减振性能更好的设施,其将船舶尾部主要动力设备与推力轴承全部安放在同一公共基座上,基座用固有频率低、横向大刚度隔振器与船体连接,分别在垂向、横向、纵向均布隔振器,垂向隔振器用来支撑主要动力设备及推力轴承重量,纵向隔振器与横向隔振器保证隔振装置与推进轴系运行稳定,并承担部分螺旋桨推力,如图 7 - 13 所示[14]。

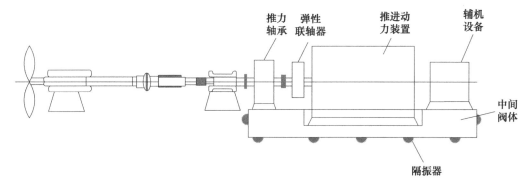

图 7 - 13　集成隔振系统示意图

这种统一、集成的隔振系统可将推力轴承对船体的集中力转化为各个隔振器对船体的分散作用力,不仅可有效地隔离动力设备和轴系的振动,并使推力轴承受螺旋桨推力产生的变形很小,从而维持轴系的正常工作[14]。

7.5　小知识:水润滑轴承

水润滑轴承的应用最早可追溯到19世纪40年代,早期的轴承材料主要是黄铜和白金属,不过由于水润滑效果不理想,没有形成规模化应用。后来铁梨木由于具有较好的水润滑性能曾被大规模应用于商用船只和军用舰艇上。然而使用过程中发现铁梨木只有在清洁水环境下才具有较好的水润滑性能,在含有泥沙的水中轴承表面很容易嵌入泥沙颗粒,对轴造成严重磨损,并导致轴承失效。此外,铁梨木的产地有限,产量逐渐稀少导致这种木材成为一种非常珍贵的资源,且价格变得非常昂贵。因此,必须寻求替代品。

美国工程师查尔斯·舍伍德(Charles F. Sherwood)在一次偶然中发现天然橡胶材料可以在含泥沙水中正常工作,且其磨损量远低于金属轴承,因此发明了水润滑橡胶轴承并申请了专利。水润滑橡胶轴承以优异的水润滑性能和耐磨性能而受到重视。美国海军在第二次世界大战中就已将水润滑橡胶轴承应用在舰艇上。

经过多年研究和大量试验,美国海军逐步突破了轴承材料、结构、润滑理论等多项关键技术,缓解了当时"鲟鱼"级核潜艇艉轴承噪声的危害。后来随着新型核潜艇总体噪声水平的降低,潜艇艉轴承噪声问题又重新显现出来。为此,美国海军一直在不断研究、改进和完善水润滑轴承技术,并于1983年和2005年两次对水润滑艉轴承军用标准进行了修订,研发出新型复合材料轴承。复合材料轴承不仅能够抑制海生物附着,而且具有较小的摩擦系数和较好的抗磨损能力,大大提高了水润滑轴承的使用寿命,降低了摩擦噪声。

当然,潜艇艉轴承并不是水润滑轴承唯一的应用场合,美国也不是唯一对水润滑轴承感兴趣的国家。英国、德国、苏联和日本等一些国家在20世纪中期就已经开始对水润滑轴承进行了大量的研究,并在各类泵、液压元件中应用水润滑轴承技术。

目前已知的水润滑轴承材料,包括但不限于金属材料、陶瓷材料、工程塑料、橡胶等。

习　题

1. 某船舶七叶大侧斜螺旋桨的额定转速为210r/min,请问该桨的叶片速率谱的基频是多少?
2. 简述螺旋桨空化噪声产生的机理。

参考文献

[1] 张敬. 基于非线性时延反馈控制的线谱混沌化[D]. 长沙:湖南大学,2015.

[2] 许劲峰. 舰船辐射噪声调制特征检测方法研究[D]. 镇江:江苏科技大学,2019.

[3] 汤渭霖. 螺旋桨涡旋噪声预报[J]. 船舶力学,1999(02):49-57.

[4] 周剑. 大侧斜螺旋桨的设计方法研究[D]. 哈尔滨:哈尔滨工程大学,2012.

[5] 张帅,朱锡,孙海涛,等. 船用复合材料螺旋桨研究进展[J]. 力学进展,2012,42(05):620-633.

[6] 周鑫,刘爱兵,杨文凯,等. 船用复合材料螺旋桨应用与发展[J]. 机电设备,2021,38(04):57-61.

[7] 王天奎,唐登海. 泵喷推进器——低噪声的核潜艇推进方式[J]. 现代军事,2006(07):52-54.

[8] 侯文富. "东芝事件"及其影响刍议[J]. 日本学刊,2000(01):44-54.

[9] 马俊,吴激,陈长盛,等.船用水润滑艉轴承的润滑承载特性[J].船舶工程,2020,42(S1):192-195.

[10] 谈微中,严新平,刘正林,等.无轴轮缘推进系统的研究现状与展望[J].武汉理工大学学报(交通科学与工程版),2015,39(03):601-605.

[11] 胡举喜,吴均云,陈文聘.无轴轮缘推进器综述[J].数字海洋与水下攻防,2020,3(03):185-191.

[12] 赵耀,张赣波,李良伟.船舶推进轴系纵向振动及其控制技术研究进展[J].中国造船,2011,52(04):259-269.

[13] 何琳,徐伟.舰船隔振装置技术及其进展[J].声学学报,2013,38(02):128-136.

[14] 何江洋,何琳,帅长庚,等.船舶动力设备及推力轴承集成隔振系统设计[J].舰船科学技术,2013,35(01):77-81.

第8章 水动力噪声控制技术

8.1 水动力噪声的机理

水动力噪声是指船体周围的海水等流体(也被称为"绕流")与船体或其他外部结构相互作用而引起的辐射噪声。水动力噪声是船舶噪声中除机械噪声和螺旋桨噪声以外的第三大噪声源,其声功率一般与航速的5~7次方成正比,因而在低航速下,水动力噪声在船舶水下辐射噪声中占比很小,当船舶高于一定航速时(一般为10~12kn),水动力噪声则会凸显出来,甚至会超过机械噪声和螺旋桨噪声,而成为船舶主要噪声源。由于涉及水动力学、声学和结构力学等多个学科,水动力噪声本身具有非常复杂的机理,但溯其本源可以发现,所有的水动力噪声源都可以归结为不稳定流(unsteady-flow),不稳定流本身也是个非常复杂的概念,但其与水动力噪声的关系可以简单描述为流动越不稳定、水动力噪声就越大。对于船舶而言,附体和开口部位的水动力噪声通常最为突出,这是因为附体和开口破坏了船体表面曲率的连续性,造成绕流场中的压力梯度突变,引起表面绕流非常不稳定,进而产生强烈的水动力噪声。此外,对于军用舰艇或其他用于探测的特种船舶而言,船首通常对水动力噪声也较为关切,因为船首通常作为声呐平台部位,其探测能力受水动力噪声的影响很大,因而船首通常要求具有良好的型线设计,使首部声呐平台不完全处于层流区,以降低首部声呐平台自噪声,提高探测能力。

在探讨水动力噪声机理之前,首先要明确两个概念:

1. 层流

当流体流动的雷诺数 Re 小于某一临界雷诺数 Re_c 时,流体内任一位置的流体质点都沿一条直线匀速运动,运动轨迹相互平行,这种流动称为层流,层流是一种非常稳定的流动状态。

2. 湍流

当流体流动的雷诺数 Re 大于某一临界雷诺数 Re_c 时,流体内的流体质点将不再保持匀速直线运动,流体质点在空间和时间上高度无规则地运动着,发生强烈速度脉动和动量混合[1],运动轨迹相互混杂,这种流动称为湍流,湍流是一种不稳定的流动状态。

Re 是流动的一个无量纲参数,$Re=\rho Ua/\mu$,ρ 为流体密度,μ 为流体黏性系数,a 为流动特征程度。Re 表示的是流动过程中黏性力和惯性力的相对大小。注意到,临界雷诺数并非一个固定值,而是一个区间,雷诺数小于该区间表现为层流态,大于该区间为湍流态,而在该区间内,则有可能为层流,也可能为湍流,取决于外界扰动,称为过渡状态。

以对水动力噪声最为关注的一类船舶——潜艇为例,由于潜艇线型变化和表面曲率不连续,来流在潜艇壳外形成非常流场,产生多种复杂的不稳定流。

这里需要用到一个概念:边界层。边界层的严格定义和影响因素比较复杂,这里不做过多的讨论。字面上看,边界层是指流体与船体之间接触面的邻近区域。这个区域内,流体流动会受到船体的影响,而在这个区域外,船体的影响则相对微弱。

在潜艇首部声呐平台区,受压力梯度、扰动水平、避免粗糙度等因素的影响,艇首层流边界层容易在该部位发生突变,这种现象也被称为"转捩",并产生转捩噪声,层流边界层在转捩后完全发展为湍流边界层,并一直向下游发展,湍流边界层中脉动压力会直接产生噪声,同时激励艇壳振动并辐射噪声;在指挥台围壳、舵翼等附体的根部,附体与主艇体构成三维角区,来流边界层由于附体对来流的阻滞作用,在主-附体结合的角区前缘,层流受扰动逐渐变成湍流,在角区内沿附体表面卷绕,并向下游运动,形成所谓的"马蹄涡流";在主艇体尾部以及附体尾部,线型收缩使得绕流场中产生逆压梯度,逆压梯度以及黏性的双重阻滞作用使边界层在尾部发生分离并产生涡脱落,形成尾涡流;在艇体开口部位,来流边界层流经开口前缘发生边界层分离后,在开口成具有振荡特性的剪切流。艇体表面的这些不稳定流构成了潜艇水动力噪声源,其在艇体上的分布如图 8-1 所示。

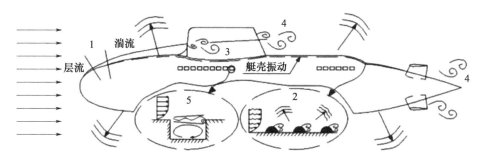

图 8-1 潜艇水动力噪声源分布

1—声呐部位的边界层转捩;2—湍流边界层;3—突体根部马蹄涡;
4—突体尾涡;5—开口部位剪切振荡。

实际上,不同类型的不稳定流的发声机理不同,频率特性也各有差异,如马蹄涡主要通过壁面湍流脉动压力直接辐射噪声或激励壳体振动辐射噪声,主要贡献 500Hz 以下的低频宽带噪声,而开口剪切流则通过周期性的自持振荡或空腔共振辐射噪声,主要贡献低频线谱噪声。根据水动力噪声的产生机理和频率特性,可以将船舶水动力噪声归纳为四类,如图 8-2 所示:①壳体表面湍流脉动压力的直接辐射噪声;②船舶壳体或其他结构受湍流脉动压力激励产生振动进而辐射噪声,也称为二次辐射噪声;③船舶开口部位在水流作用下产生的流激空腔噪声;④尾部旋涡脱落与结构耦合作用产生的涡激共振噪声。其中,前两类噪声源主要构成船舶水动力噪声的低频宽带分量,第 3 类噪声主要表现为低频线谱分量,第4类噪声通常也表现为线谱噪声[2],但当涡脱落频率没有与结构固有频率相近而发生流固耦合共振时,其线谱幅值较小。

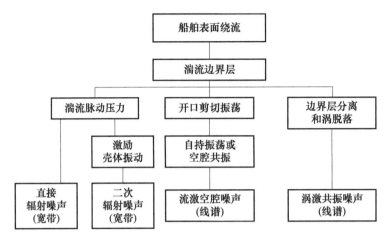

图 8-2　船舶水动力噪声机理

根据布洛欣采夫理论,水动力噪声强度主要与航速有关[3]:

$$I_w = kv^n \tag{8-1}$$

式中:k 为常数;v 为航速;n 为与航船水下线型等因素有关的一个量。指挥台围壳的水动力噪声总级通常与航速的 5~7 次方成正比[3]。

8.2　典型的水动力噪声

8.2.1　直接辐射噪声

船舶在水下航行时,壳体表面会形成以马蹄涡、湍流边界层、剪切流和尾流涡等为代表的一系列复杂湍流,湍流中的速度、压力和温度等物理参数发生近乎无规则的脉动,这些复杂的湍流脉动一方面会使流体介质产生密度波动,即声波;另一方面,入射到壁面的湍流脉动会由于壁面的存在发生动量损失,引起动能向声能转换,在壁面形成偶极子声源并辐射噪声,这种由绕流中的湍流脉动直接辐射的噪声称为直接辐射噪声。由于湍流脉动具有随机性,因而直接辐射噪声通常表现为宽带噪声[2]。

在经典声学中,对声音的解释是由于固体振动,引起周围流体的弹性压缩并以压力波的形式向外界传播,这种压力波便是声音,经典声学对振动和声构建起了很好的联系,但却未涉及流体是如何发声的,以至于早期研究学者总把流体运动引起的噪声问题转化为流体激励板、壳等结构的振动发声问题。第二次世界大战前后,飞机的起降噪声和船舶螺旋桨噪声等噪声问题让人们逐渐意识到流体介质运动对声传播有显著影响,仅通过结构振动已无法解释这些问题。为解释流体运动的发声机理问题,英国的应用数学家莱特希尔(James Lighthill)提出了声比拟理论,它是通过将流体运动的基本方程 Navier – Stokes 方程左端重组为经典声学中的声传播方程,将剩余各项作为声源项置于方程的右端,用以表征湍流运动对声传播的影响,Lighthill 声比拟方程首次在理论上将自由湍流运动与噪声建立了联系,直观地揭示了湍流中的速度脉动、黏性应力以及温度扰动会在流场中产生密度波动,也就是声波,并表现出四极子源声辐射特性[2]。Lighthill 声比拟方程形式非常简单,但却奠定了现今流体动力声学或是说气动声学作为一个学科的发展基础(气动声学相对于水动力声学的研究要早得多,也更为完善,因而学术界也常用气动声学代表整个流体动力声学),Lighthill 声比拟方程为

$$\frac{\partial^2}{\partial t^2}(\rho - \rho_0) - c_0^2 \nabla^2(\rho - \rho_0) = \frac{\partial^2 \{\rho u_i u_j - [(p - p_0) - c_0^2(\rho - \rho_0)]\delta_{ij} - \tau_{ij}\}}{\partial y_i \partial y_j} \quad (8-2)$$

式中:ρ 为流体介质密度;p 为瞬时压力;δ_{ij} 定义为 $\delta_{ij} = \begin{cases} 0 & (i=j) \\ 1 & (i \neq j) \end{cases}$;$\tau_{ij}$ 为黏性应力张量,$\tau_{ij} = \mu\left(\frac{\partial u_i}{\partial y_j} + \frac{\partial u_j}{\partial y_i} - \frac{2}{3}\delta_{ij}\frac{\partial u_k}{\partial y_k}\right)$;$\mu$ 为黏性系数。方程的左边,试图模拟经典声波方程的密度波动形式,描述声场密度变化的规律。那么,经典声波方程的右边是声源项。这里也应该是描述湍流声源的特性。不妨假设:

$$T_{ij} = \rho u_i u_j - [(p - p_0) - c_0^2(\rho - \rho_0)]\delta_{ij} - \tau_{ij} \quad (8-3)$$

式中:T_{ij} 为 Lighthill 应力张量,完全由湍流脉动量组成,其所包含的三项分别表示速度脉动、温度扰动产生的密度变化和黏性应力。通过这个方程,可以很容易理解流体运动与声的关系,甚至可以通过流体运动中的湍流脉动量对声进行准确计算。

但是 Lighthill 声比拟方程还无法解释船舶绕流的直接辐射噪声问题,因为 Lighthill 声比拟方程是以自由流场为前提建立的,而船舶绕流的直接辐射噪声则必须考虑固壁边界的存在。固壁边界对流动噪声的影响主要体现在两方面,一是边界上的湍流边界层自身可产生声辐射,二是固壁边界本身相当于声散射体。

8.2.2 二次辐射噪声

船舶壳体表面的湍流脉动压力一方面会直接产生声辐射,另一方面还会激励壳体结构振动并产生辐射噪声,即二次辐射噪声[2]。相对于水动力噪声的其他噪声源,二次辐射噪声机理则要简单得多,它其实就是简单的结构受激振动发声问题,相比于常见的结构振动噪声问题,船舶的二次辐射噪声特性同样取决于激励力、结构的动力学特性以及声辐射效率三方面,但船舶二次辐射噪声又有其特殊性,主要体现在激励力的描述和流固耦合两方面。由于水介质的特性阻抗与钢结构相差并不很大,使得钢结构的水下声辐射效率远大于空气中的声辐射效率,同时,考虑流固耦合的影响,附连水质量会降低结构的模态频率,使得振动加大,因此,对于船舶壳体刚度较小的部位,如潜艇指挥台围壳,二次辐射噪声通常是水动力噪声中不可忽视的噪声分量,甚至是主要分量。

8.2.3 流激空腔噪声

潜艇是流激空腔噪声最为突出的船舶类型,这是由于潜艇上有众多的表面开孔,例如通海管系要与外界海水连通,因而在壳体表面有通海口;舷间液舱和上层建筑都设有较多流水孔;围壳顶部为升降桅杆也设有若干开口。壳体表面的这些开口(孔)显著破坏了船舶线型的连续性,一方面会引起阻力的增加;另一方面,表面开口与液舱、围壳等内部腔体相连接形成开口腔,当表面湍流边界层流经这些开口时,会在开口形成剪切层振荡,引起流激空腔噪声。流激空腔噪声是船舶水动力噪声低频线谱分量的主要噪声源[2]。

所谓流激空腔噪声是指流体流经腔口前缘时,边界层在前缘分离脱落出一系列涡旋并在腔口形成具有振荡特性的剪切流动,剪切层到达腔口后缘时,与后缘发生碰撞并产生压力脉动,压力脉动以声速向上游传播至前缘又进一步影响了前缘的边界层分离,当前缘的涡脱落与后缘的脉动压力反馈满足一定的相位关系时,即在腔口产生单一频率的自持振荡并辐射线谱噪声,该过程如图8-3所示。自持振荡频率与来流速度成正比,而与腔口的长度尺寸成反比,在一定条件下,当自持振荡频率与空腔声模态或空腔弹性结构模态频率相近时,还会发生多种形式的耦合共振,并辐射更为强烈的线谱声[2]。

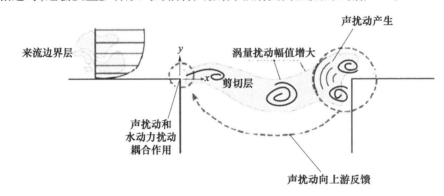

图8-3 空腔绕流自持振荡过程示意图

流激空腔噪声的特性取决于空腔振荡形式,在空腔振荡形式划分方面,目前主要被接受的是 Rockwell 原则,即将空腔振荡划分为流体动力振荡、流体-空腔共振和流体-弹性共振。流体动力振荡由剪切层的固有不稳定性和腔口处的闭合声反馈形成,即自持振荡;流体-空腔共振是腔口剪切层的自持振荡频率与空腔声模态频率相近时发生的共振振荡;当腔口剪切层自持振荡频率与空腔弹性壁面的固有频率相近时,腔口剪切层则会与空腔弹性壁面发生耦合共振,即发生流体-弹性共振,图8-4较为准确地揭示了各种流激空腔振荡的发声机制。流体-空腔共振和流体-弹性共振通常也被统称为流激空腔共振,当空腔共振发生时,腔口剪切层的振荡幅度会显著增加,辐射噪声能量也会大幅增加,因而从降噪方面考虑,要尽量避免流激空腔共振的发生。

对于船舶表面的空腔而言,流体剪切层振荡频率通常较低(<100Hz)。如果不考虑空腔结构的弹性作用,这个频率远小于空腔结构的固有声模态频率,也就不会引起共振。

但是,由于船体空腔结构和水的声特性阻抗相近,空腔结构也会与水存在较强的振动耦合。这使得空腔的固有声模态频率比不考虑弹性作用时要低。因此,实际流激空腔共振是有可能的。

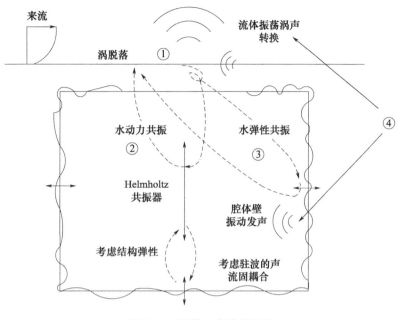

图8-4 流激空腔噪声机理

由于空腔腔口的声反馈回路的存在,使得空腔绕流即使在较低流速下,也可能产生稳定的剪切层自持振荡,并辐射线谱噪声,而当发生流体-空腔共振或流体-弹性共振时,线谱噪声幅值则会骤然增加。为区分这种具有不同产生机理的空腔线谱噪声,通常将由空腔自持振荡产生的线谱声称为"剪切纯音"(sheartone),而将由空腔共振产生的线谱声称为"空腔纯音"(cavitytone)。剪切纯音在较大速度范围内都有可能发生,而空腔纯音则只在有限的几个流速范围内发生[2]。

大量研究表明,剪切纯音的产生与腔口几何特性有关,如前缘和后缘的几何形状、腔口几何外形、流向尺度等;而空腔纯音则主要与腔体的几何和结构特性有关。在抑制流激空腔噪声方面,首先应当尽可能消除或减弱剪切纯音,这其中最有效的方法是消除或降低腔口剪切层的发展,其次是破坏或阻挡声反馈回路的形成,当无法有效消除剪切纯音时,应对腔体进行良好的结构设计,以避免空腔纯音的产生。

8.3 水动力噪声测量技术

对于水动力噪声测量的实验研究,目前主要有水筒测量、拖曳模测量和浮体测量等试验方法。

水筒测量是一种比较成熟且常用的水动力噪声测试方法,它需要保持测试模型在水筒内不动,而利用水筒内的循环水流与测试模型形成相对运动进行水动力噪声测量,这种测量方法的主要优势是可以对流速、压力等水力参数精确调整,同时方便利用激光多普勒测速(LDV)、粒子成像测速(PIV)等技术对流场进行观察。水筒测量水动力噪声中,水听器可置于水筒内测量模型的水动力噪声,但更为常用的水筒测量方法是将水听器置于与水筒工作段相连接的外部水箱中,这要求与外部水箱连接的水筒壁具有良好的透声性。水筒测量水动力噪声往往也存在诸多限制,首先是受限于水筒工作段尺寸,无法对较大尺度模型开展水动力噪声试验,而更为重要的限制因素是狭小密闭的水筒内往往存在强烈混响,水筒内的背景噪声甚至会淹没所要测量的水动力噪声,减少这些限制的一个有效措施就是增大水筒工作段尺寸,世界各大先进空泡水筒(循环水槽)也确实朝这个方向发展,如中国船舶科学研究中心的循环水槽工作段截面尺寸达到了 $2.2m \times 2.0m$,这也是国内目前最大的循环水槽[1];德国汉堡水池的大型空泡水筒则有 $2.8m \times 1.6m$ 截面尺寸的工作段,而美国海军水面战研究中心的 William B Morgan 大型空泡水筒的工作段截面尺寸更是达到了 $3.05m \times 3.05m$。当水筒背景噪声过于强烈时,往往通过测量模型表面脉动压力来对水动力噪声进行评估[2]。

拖曳模测量是通过低噪声拖曳装置带动试验模型在水池内以一定速度运动,进而对模型产生的水动力噪声进行测量,相较于水筒测量方法,拖曳模测量对模型尺度的限制以及受背景噪声的影响都要小得多。拖曳模测量水动力噪声通常都是在专门的拖曳水池中进行,水听器的布置可以固定安装于拖曳水池中,这种方法适合测量模型水动力噪声的远场辐射,也可以将水听器安装于拖曳架上,与拖曳模型保持相对位置不变,这种水听器布置方法更为常用,因为所测得的水动力噪声基本不随时间变化,更能反映出测试模型的水动力噪声性能;当对水动力噪声试验环境有特殊要求时,拖曳模测量水动力噪声也可以在其他类型水域中进行[2],例如当要尽可能降低海洋背景噪声以及测量装置噪声的影响时,常规的拖曳水池显然不能满足这个要求,这就需要在深水水域完成拖曳模水动力噪声测试,如挪威的松恩海峡就常作为深水拖曳模水动力试验场地,该场地水深可达 $1000m$,且受洋流等因素的影响较小,在深水拖曳模水动力噪声测试中,通常通过置于一定深度的线型等距分布的水听器阵列对拖曳模水动力噪声进行测量。

浮体测量是于 20 世纪 60 年代最先提出的一种水动力噪声测量方法,它是将试验浮体模型从深水湖底自由释放,完全利用自身浮力,而无须利用任何动力装置推动浮体冲向水面,进而测量浮体模型上浮过程中产生的水动力噪声,由于几乎完全消除了机械噪声的影响,可以显著提高水动力噪声测量的准确性,且浮体模型通常可以达到较高的上浮速度,因而浮体测量十分有利于中高速水下航行体的水动力噪声测量,美国和俄罗斯等国都专门建设了浮体测量试验基地,如俄罗斯克雷洛夫中央船舶研究所早在 20 世纪 60 年代就设计建造了深水浮体测量基地,专门用于测量水下航行器的水动力噪声,其浮体最高上浮速度可超过 $22m/s$,美国在位于爱达荷州的本德奥瑞湖潜艇水声试验区也专门规划了浮力艇试验区,通过使大比例实艇自浮模型从 $300m$ 水深的湖底自由加速上浮升至湖面,专门用于潜艇艇首和指挥台围壳部位的水动力噪声测量试验[2]。

8.4 水动力噪声控制技术

8.4.1 船体线型优化设计

虽然对于潜艇而言,围壳等附体的存在是流激噪声的主要来源,但对于大多数船舶,包括潜艇,其线型仍然是决定其表面流态分布的关键因素之一。选择合适的线型既能推迟层流边界层向湍流边界层的转换,又能推迟湍流或涡的分离,从而大大降低湍流脉动压力及其引起的声辐射。

在线型设计中考虑艇的低噪声性能要求,兼顾水动力性能和噪声性能的长宽比、艏进流端长度、艉去流端长度、艉去流角等各方面因素。船舶线型声学设计不能脱离排水量、总体布置进行,只能在总体布置、总体性能确定的线型基础上进行调整,优化线型。一般而言,能够采取的措施主要包括:改进外形设计,线型采用"水滴"形;尽量做到艇体表面光滑,减少突出体等。

以潜艇为例,其线型就有比较复杂的变迁过程。在第二次世界大战以前,由于潜艇对水面作战和航渡性能有较高要求,早期潜艇艇首通常保持水面舰形状,且上层建筑通常为水平甲板,如图 8-5 所示为德国著名的 U2 潜艇。

图 8-5　德国著名的 U2 潜艇

待到潜艇转向以水下作战为主后,虽然取消了水面舰首外形,但为保证高速性能,此时艇首仍然保持斜锥形,如图 8-6 所示为美国"鲣鱼"级潜艇。

随着大量风洞试验和水洞试验的展开,研究人员发现水滴形外形具有最佳的阻力性能,美国"大青花鱼"号潜艇是世界上第一艘水滴形潜艇,随后的"鲣鱼"级核潜艇也采用水滴外形,如图 8-7 所示。

图 8-6　美国"鳐鱼"级潜艇　　　　　图 8-7　美国"大青花鱼"号潜艇

但水滴外形并不易于结构布置,美国从"长尾鲨"号核潜艇开始尝试在水滴形的基础上增加平行中体段的设计,并在"一角鲸"号潜艇首次使用大长度平行中体设计,如图 8-8 和图 8-9 所示。

图 8-8　美国"长尾鲨"号潜艇　　　　　图 8-9　美国"一角鲸"号潜艇

进一步研究发现,增加平行中体对水滴形潜艇的水动力性能几乎没有改变,美国在其"洛杉矶"级核潜艇上进一步加大了平行中体长度,至此,美国潜艇形成了修长艇型特点,目前世界上大多数潜艇也都采用"水滴形 + 平行中体"的线型设计,如图 8-10 所示。可以说,目前的潜艇线型,是动力性能、噪声性能、排水量以及总体布置等因素相互权衡的结果。

图 8-10　美国"洛杉矶"级潜艇

8.4.2　附体结构优化设计

船舶附体结构由于突出于船舶表面,破坏了船体线型的光顺性,产生多种流体扰动,进而会对船舶的水动力噪声性能产生显著影响,其外形设计在很大程度上也决定了船舶的水动力噪声性能。在众多船舶附体结构中,潜艇的指挥台围壳是最典型的附体结构,以下仅以潜艇指挥台围壳为例,对附体结构外形优化设计技术作简要介绍。

指挥台围壳是潜艇最大的附体结构,内部通常围封耐压指挥台和通信天线、潜望镜、通气管等多种升降桅杆。以往对围壳外形设计考虑的主要是其对潜艇阻力和操纵性影响,但近年来,随着各国海军对潜艇声隐身性的高度关注,对围壳的外形设计也越来越考虑其水动力性能。围壳外形对潜艇声学性能的影响主要体现在两方面:一是围壳由于突出于艇体表面,使得围壳表面绕流变得非常不稳定,对围壳表面产生较大的脉动压力,使围壳本身辐射较为突出的噪声;二是围壳破坏了艇体表面均匀流场,其产生的以马蹄涡为代表的尾流传至螺旋桨桨盘面时,与主艇体尾流发生相互作用,使桨盘面来流变得高度不均匀,进而增大了螺旋桨噪声。从声学方面考虑,指挥台围壳外形优化设计的主要目的就是减小围壳自身的辐射噪声并减弱其尾流强度,其中,涉及的大部分工作都是减小围壳马蹄涡强度,如图8-11所示。

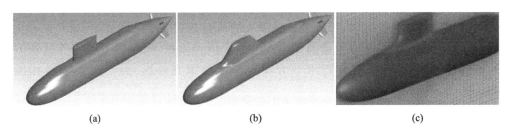

图8-11 几种不同形式的围壳外形
(a)薄翼型围壳;(b)一体型围壳;(c)带填角围壳。

1. 一体型围壳

顾名思义,一体型围壳即是将围壳融入主艇体的一种设计形式,类似于航空器上的翼身融合概念,相对于传统直翼型围壳,一体型围壳与艇体形成光滑过渡,消除了主附体结合部位的三维角区,进而可以有效抑制马蹄涡的产生与发展,有效减弱围壳部位的流体激励力以及尾流强度,但这种外形设计同时也增大了围壳体积,在需要围壳容纳更多的设备时比较适用,如现代潜艇常需要驮载的无人水下航行器,可以满足现代潜艇的更多的特殊战术需求,英国"机敏"级核潜艇和德国212型潜艇围壳很好地体现了这种围壳设计[2],如图8-12所示。

图8-12 德国212型潜艇

美国致力于潜艇水动力、结构与噪声的综合研究部门——水面战研究中心Carderock分部曾专门开展先进围壳研发计划(Advanced Sail Project),设计了一种一体型围壳形式,如图8-13所示,因外形酷似战斗机飞行员的座舱盖,这种新型围壳也被称为"座舱盖围壳"(Canopy sail)。座舱盖围壳这一新型的围壳外形设计被公开以后,国内外的一些学者也对这种围壳的水动力性能和声学性能进行了研究,大多研究结果表明,座舱盖式的围壳外形设计能够有效减弱围壳马蹄涡、梢涡强度,能够改善围壳尾流场,并抑制围壳水动力噪声,如图8-13所示。

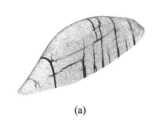 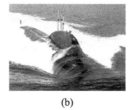 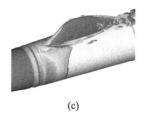

(a) (b) (c)

图8-13 座舱盖围壳

(a)座舱盖围壳外形;(b)复合材料座舱盖围壳试验模型;(c)座舱盖围壳绕流场数值模拟。

但座舱盖围壳自提出至今,所进行最深入的研究是实尺度模型试验,却并未有过实际应用,其原因有二:一是座舱盖围壳较大增加了围壳体积,而降低了阻力等其他方面的性能;二是存在其他具有相近水动力噪声性能的围壳外形,而不用大幅增加围壳体积。

2. 薄翼型围壳

从声学设计的角度出发,围壳外形优化的主要目的是使围壳受到的壁面湍流脉动压力最小以及减弱围壳尾流强度,主要体现在水平剖面的线型设计和交接部位外形设计两方面,前者主要对围壳表面边界层的发展以及尾部涡脱落特性有影响,后者主要对根部马蹄涡的生成和演化产生影响,但当围壳没有与艇体形成过渡连接时,剖面线型则对马蹄涡也有一定影响。现代潜艇围壳的剖面线型普遍采用对称翼型设计,大量对翼型体结合流的研究结果表明,结合流中的马蹄涡结构特性通常与等翼型体首部的形状、尺寸大小密切相关,翼型体的前缘半径越小、首部线型越尖锐,首部绕流流场中的逆压梯度就越小,进而产生的马蹄涡尺寸和强度就越小。为使围壳剖面线型具有较小的前缘半径和较为尖锐的首部,通常需要剖面线型的相对厚度(最大厚度与弦长之比)较小,在围壳外形上则表面为"更薄",在这种薄翼型围壳设计理念上体现最为明显的是美国"弗吉尼亚"级核潜艇围壳,如图8-14和图8-15所示,相对于其前级艇"洛杉矶"级和"海狼"级核潜艇,"弗吉尼亚"级核潜艇围壳剖面的相对厚度有明显减小;在该型潜艇围壳侧壁对应每根桅杆位置处,均设有若干可拆检修板,这样设计可以实现在围壳外部对桅杆进行检修,从而省去了围壳内部检修空间,有利于减小围壳厚度[2]。曾有学者对比西方潜艇采用较多的薄翼型围壳和俄罗斯采用较多的"粗大"型围壳的性能差异,结果表明"粗大"型围壳在潜艇操纵性方面表现较好,而薄翼型围壳则在噪声性能方面更有优势。在围壳剖面翼型设计中还应尽量减小尾部的收缩曲率,尾部收缩曲率越大,其表面绕流场中的逆压梯度就越大,而逆压梯度容易诱导流动发生边界层分离和涡脱落,进而增大涡激噪声和尾流噪声,因此,围壳的低噪声剖面线型应保证前缘半径小、首部线型较为尖锐且尾部收缩曲率较小。

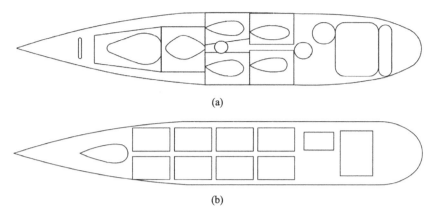

图 8 – 14 美国核潜艇围壳顶部视图
(a)"洛杉矶"级核潜艇;(b)"弗吉尼亚"级核潜艇。

图 8 – 15 "弗吉尼亚"级核潜艇围壳上的检修板

3. 带填角围壳

在围壳与艇体交接形式方面,还有一种是围壳前部采用填角过渡,如图 8 – 16 所示。填角也是由早期空气动力学领域发展而来的一种马蹄涡控制技术,最早在机翼与机身的结合部位应用,可以有效抑制马蹄涡的产生。最早采用围壳填角的是美国"弗吉尼亚"级核潜艇,它是安装于围壳前端与主艇体相连接部位的一段三维弧形结构,它使得围壳前部与主艇体形成光滑过渡,来流在经过填角时,由于填角的抬升作用,使得来流难以在围壳与主艇体的结合部位(三维角区)产生流动驻点,进而可以避免在结合部位发生三维卷曲和缠绕,有效消除马蹄涡的产生,但大量研究表明,填角对围壳马蹄涡的控制效果与其尺寸密切相关,一般而言,填角在长度等于围壳翼型剖面半弦长、高度为 15% 弦长时效果较好,而填角弧线线型多采用双曲线或椭圆线。

图 8-16 "弗吉尼亚"级核潜艇的围壳填角

8.4.3 空腔噪声控制

船舶由于进排水或者通气的需要,通常在船体表面设置有若干大小不一的开口(孔),开口(孔)部位由于在绕流激励下容易发生剪切层自持振荡,并在一定条件下会发生空腔共振,辐射强烈的线谱噪声,因而往往成为船舶水动力噪声的突出噪声源。空腔共振频率一般在 20~150Hz。对于船舶开口部位的噪声控制,最直接有效的方法自然是对这些开口进行封闭,这在围壳顶部开口应用得较多,典型的如英国"机敏"级核潜艇和美国"弗吉尼亚"级核潜艇都在其围壳顶部开口应用了启闭装置,当桅杆需要升起时,可将启闭装置打开,而在水下航行不需要升起桅杆时,启闭装置可以对开口进行封闭,如图 8-17 所示。但并非所有的开口都能适用启闭装置,如流水孔、通海口等,出于安全性等方面的考虑,必须要保持常开状态,因而对于这些开口的流激空腔噪声需要采用其他措施进行控制[2]。

根据是否有外界能量的输入,空腔噪声控制可以分为主动控制和被动控制,如图 8-18 所示,主动控制方法大抵可以分为四类:一是在空腔前缘下方注入一定流量的流体(也称为次级流),通过外部射流减小腔口的对流速度梯度,减弱剪切层振荡的发展;二是在空腔前缘布置振荡板,振荡板以一定频率振动来影响腔口的涡脱落,进而减缓腔口的剪切层振荡;三是在空腔后壁面上布置激振器,干扰剪切层拍击腔口后缘产生压力脉动,破坏腔口剪切层自持振荡的反馈环;四是在腔口前缘布置零质量射流器,这类控制方式与第一类方式相近,但没有外部流体输入,通常通过射流器内部的振荡膜片产生微流抽吸-注射的往复作用,从而产生次级控制流,对腔口剪切流动进行控制。根据已有的一些研究结果,主动控制方法往往能显著降低空腔线谱噪声,但主动控制机构复杂,技术成熟度较低,会引入控制装置的自噪声,且主动控制方法通常只在较高马赫数下能实现较好的空腔噪声抑制效果[2],在飞机等航行器上有较好的应用效果,但对于水中流速通常为极低马赫数

（$Ma<0.01$）的情况，流激空腔噪声的主动控制方法研究还非常匮乏，大多仍集中在被动控制方面。

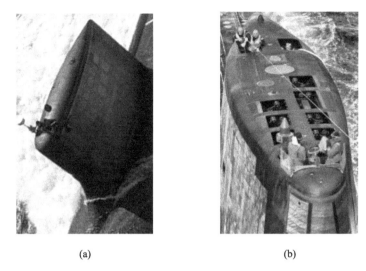

图 8-17 围壳顶部的开孔启闭装置

(a)"弗吉尼亚"级核潜艇(打开)；(b)"机敏"级核潜艇(打开)。

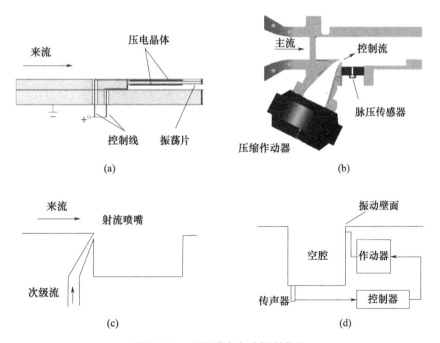

图 8-18 空腔噪声主动控制装置

(a)前缘压电双晶片式振荡板控制；(b)零质量射流控制；(c)前缘次级流控制；(d)后缘激振器控制。

空腔噪声的被动控制通常是通过改变腔口剪切流特性，进而抑制空腔线谱声，一般可以分为两类方法：改变空腔几何形状和设置扰流体。由于空腔自持振荡的形成与腔口前缘的涡脱落和后缘产生的声反馈密切相关，因而改变空腔腔口前缘和后缘的几何形状会对空腔的流激振荡特性和噪声特性产生显著影响。

美国"弗吉尼亚"级核潜艇流水孔采用了带穿孔盖板形式的空腔结构,如图8-19所示。俄罗斯"基洛"级潜艇流水孔采用了方形、带格栅的空腔结构,如图8-20所示。英国"机敏"级潜艇流水孔为圆形的空腔结构,如图8-21所示。

图8-19 "弗吉尼亚"级核潜艇流水孔

图8-20 "基洛"级潜艇流水孔

图8-21 "机敏"级潜艇流水孔

大量试验结果表明,将空腔前缘或后缘设计成斜坡或圆弧状可以抑制空腔噪声,且相对于后缘的几何形状优化,前缘的几何形状优化有更好的空腔噪声抑制效果。

在实际工程应用中,通过空腔几何形状优化抑制空腔噪声有时会存在一些限制,例如斜坡状的前后缘会增大开口尺寸而减小船体结构强度。因此,研究者们也提出了通过设置扰流体来抑制空腔噪声的方法。如图8-22所示,用于空腔噪声控制的扰流体形状纷繁复杂,例如有方块形、楔形、锯齿形、阶梯形、圆柱形等,作用机理也不尽相同,但这些不同形式的扰流体大多都安装于腔口前缘,这是因为只有当扰流体安装于前缘时才可以对空腔口的剪切层进行有效干扰,进而抑制空腔噪声。前缘扰流体抑制空腔噪声的作用机理一般可以总结为三种:一是通过提升腔口剪切层,使剪切层的再附着点发生在空腔后缘下游,从而消除声反馈回路,如方块形扰流体;二是通过增大腔口剪切层厚度,使剪切层振荡频率降低,避免空腔共振的发生,如锯齿形扰流体;三是通过破坏或重组腔口剪切层内的大尺度涡结构,抑制剪切层振荡幅值并减弱剪切层与空腔后缘的拍击强度,如圆杆扰流体。也有少数学者对后缘扰流体的空腔噪声抑制效果进行了研究,后缘扰流体的主要作用通常是减弱振荡的剪切层与后缘的抨击作用,并破坏声反馈回路,但后缘扰流体的空腔噪声控制效果相较于前缘扰流体通常要小很多。总体而言,扰流体可以有效抑制空腔噪声,但仍然有一定的局限性,例如在偏离设计点速度的情况下对空腔噪声的抑制效果不佳,而安装扰流体通常也会带来一定的额外阻力。

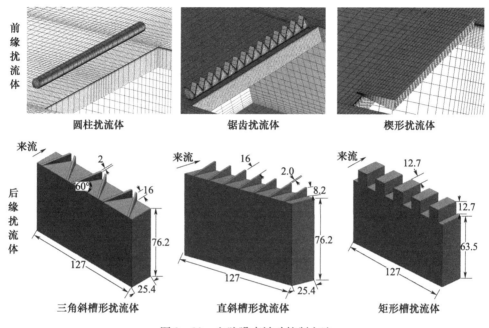

图 8-22 空腔噪声被动控制方法

8.4.4 水声材料技术

水声材料技术在船舶水动力噪声治理中的应用以复合材料最具代表性。复合材料与传统金属材料相比,具有三大突出优点:

1. 强度高

复合材料相比金属材料,同样的结构重量,可以实现更好承载能力及结构刚度。同样的载荷作用下,复合材料围壳振动响应更小,水动力噪声更小。

2. 质量轻

相对金属材料,复合材料水下减重效果明显,可以为多种减振降噪措施的实艇应用创造"重量空间"。

3. 耐腐蚀

复合材料结构属于非金属,具有较好防腐性能。以上层建筑与舷侧之间的裙边结构为例,由于间隙较小,常规防腐、防污措施难以施工。应用复合材料来实现部分狭小空间和结构的防腐防污。

美国"弗吉尼亚"级核潜艇针对首部声呐导流罩、尾部结构、指挥室围壳填角等非耐压壳体应用了复合材料。德国 212、214A 型潜艇在非耐压结构(重点是围壳和上建部位)中也大量应用复合材料,如图 8-23 所示。

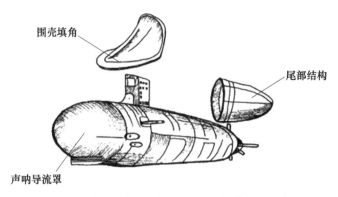

图 8-23 复合材料在"弗吉尼亚"级核潜艇上的应用

水声材料技术在潜艇水动力噪声治理中的应用主要可以分为 3 类:水声超材料技术、去耦覆盖层技术和复合材料技术[2]。

水声超材料是声学超材料的一类,具有很多常规天然材料所不具备的超长声学特性的人工复合材料[4]。它源于 2000 年刘正猷提出的局域共振声子晶体概念,局域共振声子晶体基于单个散射体的共振特性为主导,使得声子晶体的带隙频率较布拉格散射声子晶体降低了两个数量级,实现了小尺寸对大波长的控制[4],使得局域共振声子晶体具有优越的低频特性,自此,各类声学超材料蓬勃涌现,但大部分集中于对空气声的控制,关于水声超材料及其声波调控的理论和实验研究相对较少,这主要是由于:①从水介质自身角度,一方面,水中声波波长更长,是同频率空气声波波长的近 5 倍,因此水声尤其是低频水声较同频率的空气声更难以控制;另一方面,声波在水中的损耗比空气中小得多,难以利用其损耗进行声波吸收或调控。②从水与结构耦合的角度,一方面,水介质的声阻抗相比空气介质的要大得多,常见金属(如钢)不能再被视为刚性而变成弹性体,其中除了纵波,还包含不同极化方向的剪切波;另一方面,水的密度大,水对结构的流体负载作用不能忽略,因此增加了材料设计和性能预测的复杂度。③从实验角度,水声实验从场地到仪器也比空气声实验要复杂和昂贵许多。这些都不同程度制约了水声超材料的发展。水声超材料发展至今,与船舶隐身及其声呐水声探测功能密切相关的主要有三类,即吸收型水声超材料、去耦型水声超材料及水声聚焦超材料[4],但具体到应用上,则又可以细分为多种类型,本书不再进行详述。总体而言,水声超材料具有很好的应用前景,但相对空气声超材料,水声超材料的研究起步晚,距离实际应用还存在较大差距,具体表现在几个方面:①低频或低频宽带效果不理想;②未能有效兼顾结构强度、质量及耐压性等环境要素;③缺乏大尺度样件制作与测试的研究。总之,目前水声超材料正朝着低频、宽带、全向、大平面尺度、亚波长厚度、轻量化、大耐压及多功能复合型、环境适应性的方向发展[4]。

去耦覆盖层是敷设于水下结构外表面的一层柔性阻尼材料,主要通过特性阻抗失配以及阻尼特性,隔离水下结构表面振动激起的弹性压力波向水中传递,并抑制结构振动,进而降低水下结构辐射噪声。去耦覆盖层技术已较为成熟地应用于船舶机械噪声治理中,根据其主要降噪机理,若在船舶指挥台围壳表面敷设去耦覆盖层,理论上也可有效抑制围壳二次辐射噪声和围壳开口流激空腔噪声,但在实际应用中仍存在几个问题:其一,去耦覆盖层对低频噪声抑制效果不佳,甚至还会增大低频噪声,而水动力噪声通常在低频段具有主要能量;其二,高静水压会显著降低去耦合层的隔振降噪效果,这是由于以橡胶、聚氨酯等高分子聚合物为主要材料的去耦合层在高静水压下容易变"硬",使阻抗失配效果降低,且高静水压容易使去耦合层的内腔结构产生较大形变,进而降低吸声效果;其三,对于表面敷设柔性去耦合层的围壳壳板而言,在低频时壳板-去耦合层-水可以等效为质量-弹簧-质量,而在其共振频率附近会反而放大壳板的振动和噪声,加厚去耦合层或采用多层结构可以有效降低该共振频率,但这会使去耦合层变得厚重,进而破坏围壳的水动力外形[2]。

与去耦覆盖层涂覆于水下结构表面的应用方式不同,复合材料通常作为水下结构的建造材料进行应用。作为复合材料技术在指挥台围壳的一个典型应用,曾号称"世界最安静潜艇"的德国212型潜艇的指挥台围壳便采用了以夹层玻璃纤维为主的复合材料建造,且其后续的212A型和214型潜艇继续沿用了复合材料围壳;而美国海军也曾在其"先进围壳项目"中对复合材料围壳进行了深入研究,但最终却并未在其最新型的"弗吉尼亚"级核潜艇上应用复合材料围壳,而仅对围壳前端填角采用了复合材料,可见复合材料围壳具备一定的优势,也还有一些局限性。相比于传统金属材料围壳,复合材料围壳在噪声治理方面的优势主要体现在:易成型具有复杂线型的围壳结构,且保持很好的光顺性;具有较高的阻尼特性,有利于衰减结构振动;复合材料可设计成夹芯结构,中间芯层可采用具有吸声、阻尼、隔声等声学功能的材料,降低围壳声目标强度。复合材料围壳的局限性主要在于整体刚度较小,容易发生流固耦合振动。由于涉及军事等原因,关于复合材料围壳的公开研究非常少见,但国内外对于同样受强烈湍流脉动力作用的复合材料螺旋桨已有深入的研究,众多研究表明复合材料使螺旋桨刚度较低,容易引起较为显著的弹性变形和流固耦合振动,因而可以推断复合材料围壳也存在这一问题。虽然复合材料相较于金属材料具有很高的比刚度和比强度,但其弹性模量并没有明显的优势,如以往在潜艇上使用最多的玻璃纤维加强复合材料的弹性模量要小于钢材,而高模碳纤维复合材料虽然具有高于钢材的弹性模量,但阻尼小,抑振效果不佳。目前解决复合材料围壳刚度和阻尼矛盾的方法主要有三种:一是通过玻碳混杂纤维加强复合材料,可以使刚度和阻尼都达到较高水平;二是合理设计加强纤维铺层角度,利用复合材料的各向异性,使特定方向上的刚度和阻尼达到较好匹配;三是合理设计夹层结构和选用芯层材料,利用芯材的高阻尼和面板以及夹层结构的高模量形成功能互补[2]。

习　　题

1. 简述层流和湍流的概念。
2. 简述3种典型水动力噪声的概念及特点。
3. 从船体线型优化设计角度,简述水动力噪声的控制措施。
4. 从附体结构优化设计角度,简述水动力噪声的控制措施。
5. 简述复合材料与传统金属材料相比,在水动力噪声控制方面的优势。

参考文献

[1] 雒伟伟. 基于流动控制的无导叶对转涡轮性能研究[D]. 北京:中国科学院研究生院(工程热物理研究所),2012.

[2] 章文文,徐荣武. 指挥室围壳水动力噪声及控制技术研究综述[J]. 中国舰船研究,2020,15(06):72-89.

[3] 李霖. 平板上突出圆柱的涡特性及水动力噪声特性分析研究[D]. 武汉:华中科技大学,2014.

[4] 张燕妮,陈克安,郝夏影,等. 水声超材料研究进展[J]. 科学通报,2020,65(15):1396-1410.

第9章 声呐平台自噪声与声目标强度控制技术

9.1 声呐和声呐方程

"声呐"的通俗概念并不让人陌生。在军事领域,声呐技术和降噪技术是矛和盾的关系。脱离声呐探测,而孤立地讨论船舶减振降噪,是不完备的。

声呐是利用水下声波作为传播媒体,以达到某种目的的设备和方法。具体来说,利用声波对水下目标进行探测、定位、跟踪、识别,以及利用水下声波进行通信、导航、武器的射击指挥和对抗等方面的水声设备皆属于声呐的范畴[1]。

迄今为止,国内外已经使用或正在研制的声呐不下百种,可以从各种角度对其进行分类。例如,按装置体系分类,可分为舰用声呐、潜艇用声呐、岸用声呐、航空吊放声呐和声呐浮标、海底声呐等;按工作性质(战斗任务)分类,则可分为通信声呐、探测声呐、水下制导声呐、水声对抗系统等[2]。

本章介绍主要按工作原理划分,即主动声呐和被动声呐两类。回音站、探测仪、通信声呐、探雷声呐等,可归入主动声呐,而噪声站、侦察声呐等则归为被动声呐。

声呐方程是将介质、目标和设备的各项参数相互作用联结在一起的关系式。其功能之一是对已有的或正在设计的声呐设备进行性能预报。此时,声呐设备的设计性能是已知的或是已假设好的,要求对某些有意义的参数,如监测概率或搜索概率做出性能估计。声呐方程的另一大用途是进行声呐设计,在这种情况下所要设计的声呐作用距离是预先规定的,这是要对声呐方程中特定的参数进行求解,而这些参数在实际当中往往不易确定,必须通过反复试验、计算以求得最佳结果[2]。

围绕声呐讨论减振降噪技术,也应当从声呐方程开始。

9.1.1 被动声呐方程

被动声呐的工作原理是通过水声换能器接收被探测目标发出的声信号,如图9-1和图9-2所示。

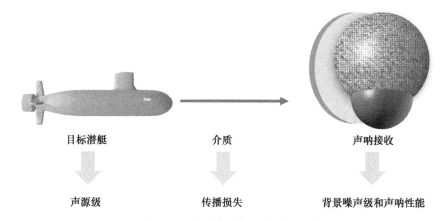

图 9 – 1　被动声呐方程涉及的参量

1. 声源级(SL)

大弦嘈嘈如急雨,小弦切切如私语。显然,声源的强度不同,声呐探测的难度也不一样。被探测目标声信号的强弱可采用声源级等参数描述。目标声源级越大,越容易被探测。

2. 传播损失(TL)

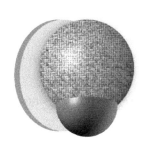

图 9 – 2　美国"海狼"级核潜艇艇首声呐[1]

顺风而呼,声非加疾也,而闻者彰。不同的传播路径,声能的损失是不一样的。声呐方程中,用参量"传播损失"来刻画目标信号在传递过程中的损失。

例如,某船舶声源级 150dB,经过海洋传递,在距离该船 20km 的某位置为 130dB,那么这个位置的传播损失为

$$TL = 150dB - 130dB = 20dB$$

显然,传播损失越小,越容易探测。

3. 背景噪声级(NL)

入夜思归切,笛声清更哀。背景越小,目标信号就越容易被声呐听清。为了刻画无关的背景强度,使用了"背景噪声级"这一参量。

例如,某声呐处于 NL 为 40dB 的环境中,可以识别 SL 在 120dB 以上的目标;而当这台声呐处于 NL 为 50dB 的环境中,就只能识别 SL 在 130dB 以上的目标了。

显然,背景噪声级越小,越容易探测。

接下来是声呐性能的三个参数。因为声呐性能可以分解成三个方面,所以并不是用一个参量描述,而是三个。

4. 空间增益(GS)

增益这个词经常能够见到,而空间增益之所以冠以"空间",是因为这类增益利用了声呐传感器的空间排列。

我们知道,声呐实质上是一个巨大的传感器阵,它可以通过特殊的排布方式,仅接收特定方向的噪声信号。而背景噪声是来自四面八方的,目标信号仅来自于一个方面。如

果声呐只接收目标方向的声信号,目标信号强度没有变化,但其他方向的背景噪声则接收不到,变相地降低了背景噪声。

这就好比人的耳朵。人利用两只耳朵对空间不同方向的声音强度感受不同,来定位声源方向;也可以通过转动头部,去仔细聆听想听的声音。声呐所囊括的成千上万支水听器,相当于成千上万只耳朵,定位精度大大提升。

对于空间增益的效果,可以理解为背景噪声的降低。例如,GS 为 20dB,相当于将 NL 减小了 20dB。原来 90dB 的背景噪声,现在只剩下 70dB。因此,空间增益越大,越容易探测目标。

5. 时间增益(GT)

同样地,时间增益之所以冠以"时间",是因为这类增益利用了潜艇噪声信号的时间周期特性。

如图 9-3 所示,海洋背景噪声是没有周期性的随机信号,也就没有线谱特征。但是,机械设备等人造声源往往带有特征线谱。一种常见的情况是:从总级上看,背景噪声比目标信号要大;但在某些特征频率处,目标信号则更明显。如果声呐只分析这些特征频率,目标信号受到的影响不大,但其他频率处的背景噪声都被滤除抑制,也是变相地降低了背景噪声。

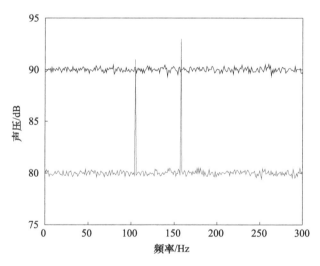

图 9-3　海洋背景(黑色)与潜艇信号(灰色)对比

对于时间增益的效果,也可以理解为背景噪声的降低。例如,GT 为 20dB,和空间增益一样,也相当于将 NL 减小了 20dB。原来 90dB 的背景噪声,现在剩下 70dB。显然,时间增益越大,越容易探测目标。

6. 检测阈(DT)

检测阈是一种阈值。声呐接收到的信号超过这个值,就能够检测到目标,没有超过,就检测不到。例如,声呐接收到的目标信号为 60dB,如果 DT 为 55dB,那就能够检测到该目标;如果 DT 为 65dB,那就不能检测到。显然,检测阈越小,就越容易探测目标。

总结一下：

SL、GS、GT，都是越大越容易实现探测；TL、NL、DT，都是越小越容易实现探测。将这些定性关系用一个定量的式子表示出来，就是被动声呐方程：

$$SL - TL = DT + NL - GS - GT \tag{9-1}$$

9.1.2 主动声呐方程

主动声呐的工作原理与雷达类似。主动声呐首先发射某种形式的声信号。该声信号在水下传播过程中，如果遇到探测目标会反射回波。主动声呐通过接收这一回波，确认目标的存在。

如果只看声信号遇到目标之后的反射信号，主动声呐的工作流程就和被动声呐完全一样。假设目标反射信号的声源级记作 RSL，根据被动声呐方程推知，主动声呐方程有

$$RSL - TL = DT + NL - GS - GT \tag{9-2}$$

事实上，RSL 是由其他参数决定的。因此，理解主动声呐方程，只需要在被动声呐方程的基础上，研究怎么导出 RSL。

主动声呐发射声信号，涉及三个参量。其中，传播损失在被动声呐方程里也出现过。另外两个参量是发射时的指标声压和目标强度，如图 9-4 所示。

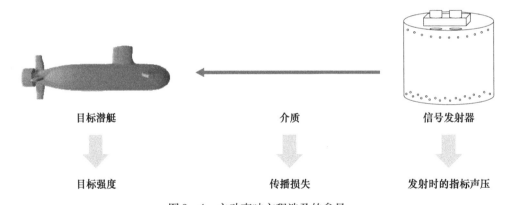

图 9-4 主动声呐方程涉及的参量

1. 发射时的指标声压(SL)

发射时的指标声压表示离信号发射器 1m 处的声压。显然，和被动声呐一样，信号越强，越容易探测。

注意，被动声呐方程里的 SL 表示目标的声源级，到了主动声呐方程，就改为表示信号发射器的声源级。事实上，SL 的原文是 Source Level。对于被动声呐和主动声呐，只有前面的定语不同，即 Target Source Level 和 Project Source Level，所以只要是系统的声源，都是用这个字母组合表示。

2. 目标强度(TS)

目标强度描述目标反射声信号的能力。显然，目标强度越大，反射声波的能力越强，

声呐越容易实现探测。

总结一下：

主动声呐方程的雏形为

$$RSL - TL = DT + NL - GS - GT$$

将 SL、TS、TL 代入 RSL：

$$RSL = SL - TL + TS$$

因此，主动声呐方程为

$$SL - 2TL + TS = DT + NL - GS - GT \tag{9-3}$$

需要说明的是，一些书籍上的声呐方程表达式不尽相同。例如，将 GS 和 GT 用 DI（指向性指数）代替，或是将 NL 用 RL（混响级）代替。其分析思路都是相同的，只是应用环境的侧重点有所区别。

9.2 声呐平台自噪声

梳理主动和被动声呐方程的参数，可以发现：

$$SL - TL = DT + NL - GS - GT$$
$$SL - 2TL + TS = DT + NL - GS - GT$$

一共有 8 个参数：SL(主动)、SL(被动)、GS、GT、TL、NL、DT、TS。

其中：

(1) 有的参数是自然环境决定的(如 TL)，或是声呐自身的性能(如 GS、GT、DT)和主动声呐方程中的 SL，这些都不是本书的讨论内容；

(2) 有的参数则是本书前述章节的讨论对象，例如被动声呐方程中的 SL。

剩下的参数只有 NL、TS。这一节先讨论 NL。

9.2.1 声呐平台自噪声的概念

声呐背景噪声的来源可以分为两部分：一部分是来自海洋环境，同样地，这一部分背景噪声也不是本书的讨论内容；另一部分则是来自于声呐所处的平台。这部分噪声属于典型的自噪声，所以也被称为"声呐平台自噪声"。准确地来讲，声呐自噪声是指与声呐平台及其水听器和前置放大器有关的噪声。这类噪声一般通过声呐水听器阵或声呐平台附近的水听器测出。

潜艇三大噪声源对声呐平台自噪声都有贡献。

首先，机械噪声可以通过第一、二声通道传递或是第三声通道透射进入声呐平台，对声呐产生影响。机械噪声是船舶低航速时的主要噪声源，也是声呐部位最重要的自噪声分量之一。虽然机械噪声也可以辐射为水声，然后经过水中辐射到达声呐部位。但是，在这一途径中，水动力噪声和桨轴噪声的贡献，远大于机械噪声的分量。

桨轴等推进噪声在低工作深度或者高航速时对自噪声的贡献会非常大。需要注意的是,大多数声呐平台位于船舶的首部或中部,距离螺旋桨等推进装置较远,桨轴产生的自噪声分量大部分是在水中或者经由海面、海底反射传播后,从透声窗传到声呐基阵处。

水动力噪声可分为声呐平台自身产生的和船舶水动力噪声传导过来的两种。其中,自身产生的水动力噪声,主要来源于船舶航行时声呐导流罩外表面形成的湍流边界层。这类湍流会激励声呐罩壳体振动而形成辐射噪声。船舶的航行速度越高,这种噪声分量的强度越大。传导过来的水动力噪声,其原理和桨轴噪声相同。一般而言,水动力噪声在船舶高速航行或是频段在500Hz以上时会成为声呐部位重要的自噪声分量[3]。

多数情况下,在高航速和高频段,声呐自噪声以水动力噪声为主,在低航速和低频段,声呐自噪声以机械噪声和桨轴噪声为主。具体来看,三种噪声对声呐平台自噪声的影响程度、航速和频率变化范围,主要取决于船舶的类型、吨位、外形和结构设备布置以及声呐罩位置等诸多因素[4]。

典型的声呐平台自噪声源、传递路径,可以归纳为图9-5。

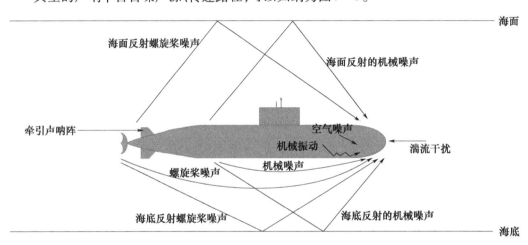

图9-5 声呐平台自噪声的传递路径

根据图9-5,所有的路径基本可以分为以下三类:

(1)机械振动沿结构传递至声呐平台;

(2)机械设备、螺旋桨、水动力自噪声或舱室空气噪声,通过反射、透射传递至声呐平台;

(3)声呐平台自身产生的水动力噪声。

9.2.2 声呐平台自噪声的控制方法

除了降低本艇的振动噪声水平,对于声呐平台自噪声,也有一些专用的控制方法。根据图9-5所示的传递路径,控制方法可以分为以下几类[5]:

1. 抑制机械振动传递

对于路径(1),即机械振动沿结构传递至声呐平台的自噪声。具体措施与第一声通道的控制技术大同小异,核心是减振,主要包括:①声基阵与减隔振材料一体化设计;②声呐导流罩与船体减振连接;③声呐平台的后舱壁以及上、下平台的壁面等位置,尤其是舷侧声呐平台附近,敷设吸声尖劈、阻尼材料、隔振橡胶、非线性隔振模块;④舷侧声呐面元模块柔性安装等。

2. 降低自噪声透射

对于路径(2),即机械设备、螺旋桨、水动力自噪声或舱室空气噪声,通过反射、透射传递至声呐平台。具体措施与第三声通道中隔离空气噪声类似,核心是隔声,不同之处是这里主要隔离水声。相关措施主要包括:①声基阵与声障板一体化设计;②后舱壁与声呐基阵之间增设隔声障板,障板通常由多层阻尼材料和复合钢板组成[5];③声腔声学材料性能提升和安装工艺改进;④开孔、通海口远离声呐平台。

3. 减小平台流激噪声

对于路径(3),即声呐平台自身产生的水动力噪声。控制水动力噪声,主要措施和第8章讲到的水动力噪声控制技术一样,主要包括:①首部型线与声腔结构优化设计;②舷侧声呐导流罩共形设计,减少船体突出;③导流罩与船体均匀过渡;④导流罩选用低噪声、高透声材料,开展模态-激励匹配设计,避免共振。

9.3 小知识:海底基阵

固定式水下网络可以部署在交通要道、热点作战区域,长期监视敌方往来的潜艇,平时收集潜艇特征信号和行动规律,战时可作为远程预警探测防线,能有效提升水下战场的掌控能力。美国是最早提出水下网络应用概念的国家,其研究成果处于世界领先水平。在20世纪90年代之前,美军开展了大量水下网络应用研究与试验,水下信息网络理论逐渐成熟,先后试验成功的水下信息网络功能日益完备,性能更加先进,已经具备实际作战能力[6]。

1. 岸基声呐监视系统

美国20世纪50年代启动了岸基声呐监视系统(SOSUS)建设工作,至90年代,美国在大西洋、太平洋等全球范围共建立了66个站点,在探测苏联潜艇方面发挥了巨大作用,如图9-6所示。冷战结束后,一方面苏联解体,SOSUS失去探测对象;另一方面核潜艇噪声水平大幅降低,SOSUS对潜预警探测距离减小,监测功能弱化。因此,美国关停了部分SOSUS站点,继续运行的SOSUS主要用于支持民用科学研究,如跟踪鲸鱼、检测海底火山活动等[6]。

1996年美国及其盟国重启一岛链SOSUS系统,并改建和扩建原有水下探测系统,探测频段向低频段延伸,进一步提升了水下反潜作战能力。2005年以来,美国及其盟国于西太平洋海区初步建成了技术先进、手段复合、层次分明、纵横交错的庞大的反潜网络系统,完成冲绳岛周边、宫古岛至与那国岛一线、钓鱼岛东部至彭佳屿一线的SOSUS系统建设[6]。

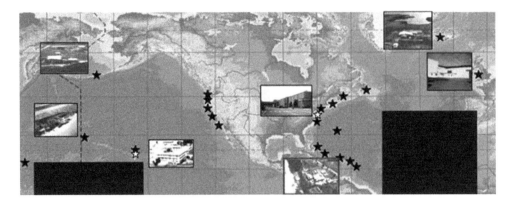

图 9-6 20 世纪 70 年代的 SOSUS 系统部署

(黑星代表全球 20 个 NAVFAC 信号处理中心,两颗白星代表了 2 个大洋的系统司令部)

2. 广域海网

广域海网(Seaweb)是一种海底水声传感器网络,将固定节点、移动节点和网关节点通过水声通信链路连接成网,组成示意图如图 9-7 所示。自 1998 年起,美国海军多次进行了 Seaweb 水声通信网络试验,旨在推进海军的作战能力。

Seaweb 的设计目标是能够进行节点识别、时钟同步、地理定位、接入新节点、放弃失效节点及网络修复。Seaweb 的指控中心部署在舰艇、潜艇、飞机或岸基站,通过卫星链路或因特网接入浮标网关节点。高级别服务器负责管理、控制和配置网络,每个服务器都可以记录并处理数据包,支持访问节点数据[6]。

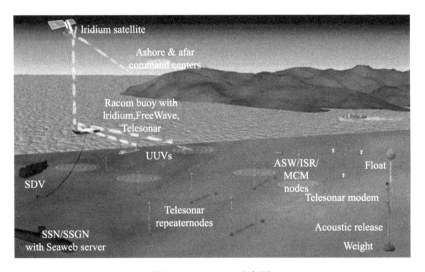

图 9-7 Seaweb 示意图

3. 可部署自主分布系统

可部署自主分布系统(Deployable Autonomous Distributed System,DADS)是美国海军研究办公室(ONR)和空间与海战系统司令部(SPAWAR)联合研发的未来海军近海防雷反潜作战研究项目。该系统由多个固定节点和移动节点组成,包括传感器节点、浮标网关节点和遥控声呐中继节点,潜艇、无人水下航行器(UUV)、蛙人等作为移动节点加入网络,服务器部署在岸基指挥中心[6],如图9-8所示。

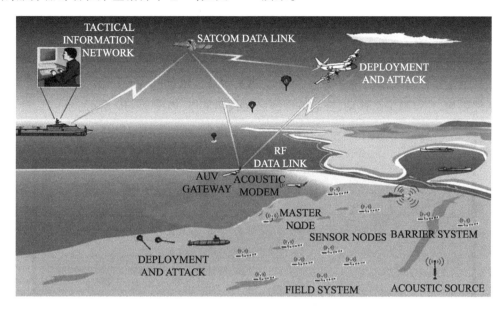

图9-8 美国DADS组成示意图

4. 近海水下持续监视网

近海水下持续监视网(PLUSNet)计划是由美国宾夕法尼亚大学研发的一种半自主控制的海底固定和水中机动的网络化设施。该系统以核潜艇为母节点,核潜艇携带的无人水下航行器(UUV)为移动子节点,潜标、浮标、水声探测阵为固定子节点,如图9-9所示,可获取海洋环境信息,进行水下目标探测[6]。

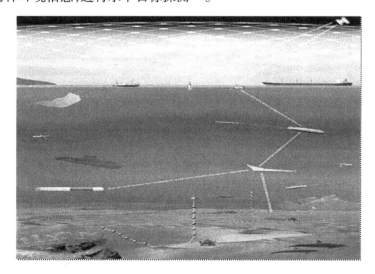

图9-9 PLUSNet示意图

5. 深海对抗项目

美国国防高级研究计划局(DARPA)在 2010 年启动深海对抗项目(Deep Sea Operations Program,DSOP),该项目目标是开发一种具有反潜战监视能力的深海预警系统,通过部署在深海底部的分布式声学和非声传感器节点探测安静型潜艇,保护美国航母编队免遭潜艇的攻击,同时保持与水面舰艇之间的联系,提高反潜部队对作战环境的熟悉程度[6]。该系统能够实现远程探测和分类、远程水下通信等功能,耐受深海压力、温度等极端条件影响,并可随编队移动,在敌方深海区域长期工作,如图 9 – 10 所示。

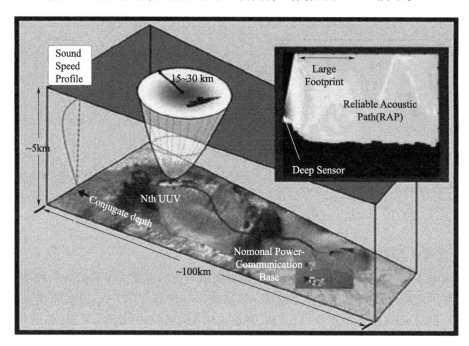

图 9 – 10　DSOP 概念图

9.4　声目标强度

9.2 节讨论了声呐方程中的 NL,这一节讨论剩下的最后一个参量:目标强度(TS)。

9.4.1　声目标强度的概念

当声波照射到物体上时,声波会发生反射、散射、衍射等物理过程,其结果是产生了分布在整个空间的回波,它由反射波、散射波和衍射波组成,其中在某个特定方向上的回波到达接收点被接收。主动声呐通过接收这种回波信号实现目标探测和分类。

回波信号的强弱及特性与目标的声反射特性密切相关。目标强度 TS 从回声强度的角度对目标特性进行描述,具体反映了目标声反射本领的大小。设有强度为 I_i 的平面波入射到某目标,测到空间某方向上物体的回声强度为 I_r,则定义目标强度为

$$\mathrm{TS} = 10\lg \left| \frac{I_r}{I_i} \right|_{r=1} \tag{9-4}$$

式中:$I_r|_{r=1}$ 为距离目标等效声中心 1m 处的回声强度。

计算声目标强度需要注意以下几点:

1. 测量距离

测量应在远场进行,再按传播衰减规律将测量值换算到目标等效声中心 1m 处,得到 $I_r|_{r=1}$ 的值,再由公式计算得到 TS。

2. 目标等效声中心

图 9 – 11 是对式(9 – 4)的直观解释,图中 QC 是入射方向,C 是目标等效声中心,其是一个假想的点,可以位于目标的内部,也可以位于目标外部。从射线声学的角度来看,回声由该点发出,故称该点为目标的等效声中心。

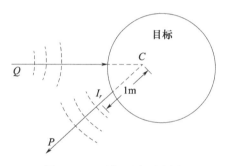

图 9 – 11　目标回声示意图

3. 回声强度

P 是接收点,它可以位于空间任何方位,CP 为回声方向。通常回声强度 I_r 是入射方向和回波方向的函数,在收发合置的情况下,回声仅是入射方向的函数。

4. 参考距离

由于采取 1m 作为参考距离,往往使得许多水下目标的目标强度具有正的目标强度值,但这并不意味着回声强度高于入射声强度,而是由于选取 1m 作为参考距离的结果。

物体的目标强度值的大小除和声源、接收点方位有关外,还取决于物体的几何形状、体积大小和材料等因素。

下面对刚性大球的目标强度进行计算。如图 9 – 12 所示,设有一个不动的光滑刚性球,其入射半径为 a,且满足 $ka \gg 1$,k 是波数,λ 为声波波长。现有强度为 I_i 的平面波以角度 θ_i 入射到球面上,计算该球的 TS 值。对于刚性大球,散射过程具有几何镜反射特性,反射声线服从局部平面镜反射定律。设入射波在 θ_i 到 $\theta_i + \mathrm{d}\theta_i$ 范围内的功率为 $\mathrm{d}W_i$,则其为

$$\mathrm{d}W_i = I_i \mathrm{d}s \cos\theta_i \tag{9-5}$$

式中:$\mathrm{d}s$ 为图 9 – 12 中的阴影区面积,其为

$$\mathrm{d}s = 2\pi a^2 \sin\theta_i \mathrm{d}\theta_i \tag{9-6}$$

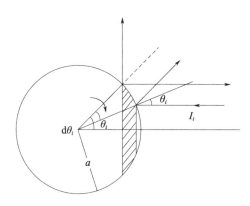

图 9-12 球面上的几何镜反射

因为球是刚性的,声能不会透入球体内部;又因为球表面光滑,反射过程没有能量损耗,即入射声能将无损失地被球面所反射。由图 9-12 可知,在 θ_i 方向上,$\mathrm{d}\theta_i$ 范围内的声能经反射后分布在 $2\mathrm{d}\theta_i$ 范围内,所以,距离等效声中心 r 处的散射声功率为

$$\mathrm{d}W_i = I_r 2\pi r^2 \sin(2\theta_i) 2\mathrm{d}\theta_i \tag{9-7}$$

式中:I_r 为距离等效声中心处的反射声强度。因为反射过程中没有能量损失,所以 $\mathrm{d}W_i = \mathrm{d}W_r$,得到

$$\frac{I_r}{I_i} = \frac{a^2}{4r^2} \tag{9-8}$$

由式(9-8)得到该目标的目标强度:

$$\mathrm{TS} = 10\lg \frac{I_r}{I_i}\big|_{r=1} = 10\lg \frac{a^2}{4} \tag{9-9}$$

可见当 $ka \gg 1$ 时,刚性球的目标强度值与声波频率、声源-接收方位等因素无关,只和球的半径有关。

9.4.2 声目标强度的控制方法

声目标强度可以用镜子作比喻。镜子的反射效率取决于两个方面:镜面大不大,擦得亮不亮。这样就有一个直观的感受,目标表面积越大、表面反射系数越大,其反射声波的能力越强,声目标强度也越大。

那么控制声目标强度则是反其道而行之:优化目标外形,降低反射系数。

1. 优化外形

优化目标外形主要有两种技术途径:一是让目标"变小",即减小目标尺度和排水量;二是让目标"变优",即优化目标外形,使之更难反射声波。

(1)降低目标尺度和排水量。

在其他条件相同的情况下,减小船舶尺度和排水量,将大幅降低目标强度。但是,减小尺度和排水量,意味着影响船舶总体布置和其他性能。通常而言,这一条不能作为主要的声目标强度控制手段。

(2)优化目标外部线型。

通过对船舶外部线型的优化设计,可以降低对主动声呐入射声波的反射面,减小目标强度,例如砷形结构、流线型结构等。避免目标表面的棱角凸起,使得目标表面尽可能地光滑,尤其不能有空洞、腔开口等不规则性,以尽可能地减小散射声;其次,应该使目标的两个主曲率半径处处最小,尽量避免平板或者圆柱面,因为它们会产生强的镜反射。尤其是潜艇,围壳、上层建筑对声波的反射能量较高,应重点予以优化设计。

2. 消声瓦

消声瓦是目前应用最多的声目标强度控制技术之一,主要用于潜艇等对声目标强度控制要求较高的舰船。消声瓦不论以单层壳体还是双层壳体为背衬,最后的空气层都使得最终声能的透射系数约为零。作为唯一耗能材料的消声瓦,必须最大化地吸收声能,才能降低潜艇反射强度。同时,消声瓦具有抑制振动与噪声通过潜艇壳体向水中辐射声波、以对抗敌舰被动声呐的搜索的功能。图9-13为消声瓦工作原理的示意图[7]。

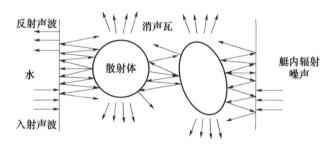

图9-13 消声瓦的工作原理图

消声瓦是一种声学覆盖层,可分为去耦瓦、透射损失瓦、无回声瓦和阻尼瓦四种类型。从声学基本理论角度来看,它的吸声原理与空气声并没有原则区别。消声瓦有两个基本要求:一是材料的特性阻抗要与传声介质接近,以使声波能充分进入消声瓦内;二是消声瓦的组成材料具有很高的对声波的吸收能力,使进入的声波能被充分地消耗掉。橡胶类的黏弹性材料,由于一般它的特性阻抗与水比较接近,而且吸收系数也较高,正好能较合适地担负起消声瓦的声学功能。

声波在消声瓦中传播时,由于消声瓦的声阻抗与钢板的失配,且产生的声波不能完全传播到水中去,因此会在消声瓦的上下表面、空腔和夹杂物之间发生多次散射、反射。多次反射和散射增加了声波的传播路径和纵横波的转换,进而通过材料的内摩擦作用和弹性弛豫过程,将部分声能转变为热能耗散掉[7]。

(1)美国消声瓦技术。

美国潜艇的噪声控制技术始终处于世界前列。美国在"洛杉矶"级核潜艇、"海狼"级核潜艇以及"俄亥俄"级核潜艇上全部安装了消声瓦,所用材料为丁基橡胶类。1988年美国在"洛杉矶"级核潜艇"圣胡安"号上首次敷设了消声瓦。这种消声瓦是由聚氨酯和玻璃纤维组成的双层铝板固定式吸声结构。据报道,该单层消声瓦能降低自噪声25dB,双层消声瓦可降低40dB左右。其消声瓦敷设借鉴了航天飞机隔热瓦的敷设工艺。美国还在积极开展自控系统边界层控制方面的研究,类似于苏联的"蒙皮技术",据说采用的还是聚氨酯材料,以降低本艇水动力噪声和减小水下航行阻力[8]。

(2)俄罗斯消声瓦技术。

苏联潜艇均采用双壳体,其消声瓦设计人员充分利用这一结构,在潜艇的内外壳体上均敷设了消声瓦。外壳体敷设消声瓦以减小反射信号,内壳体敷设去耦瓦、阻尼瓦以降低本艇自噪声。从1958年开始,G级SSN型潜艇就已经敷设有消声瓦,该消声瓦是由低频吸收层、高频吸收层和防污层组成的多层结构。1967年起,苏联除在SSG、SSB、SS、SSBN型潜艇上使用50~100mm厚的橡胶型消声瓦外,还在艇的首部和声呐区采用了粗糙的、具有某种结构的固体涂料。据资料报道,苏联在"台风级"、M级、"奥斯卡"等潜艇上安装了由橡胶型消声瓦和固体涂料组成的组合防护层后,使北约国家的潜艇声呐探测距离缩短75%、美国MK46鱼雷主动声呐的探测距离缩短50%[8]。目前,俄罗斯现役潜艇消声瓦的基材主要是丁苯橡胶、聚丁二烯橡胶和橡胶陶瓷。

(3)英国消声瓦技术。

英国的"机敏"级核潜艇、"阿拉法尔加"级核潜艇、"支持者"级潜艇也包覆了消声瓦,所用材料为聚氨酯橡胶。据资料报道,英国"阿拉法尔加"级核潜艇上采用的是缠绕的消声涂料;而90年代英、法等西欧国家研制了复合型多功能消声瓦及聚氨酯喷涂技术。由于技术先进,喷涂的消声瓦不易脱落且厚度任意控制,具有良好的吸声、抑振和隔声作用。目前英国海军已放弃先预制消声瓦再通过黏合剂在实艇敷设的工艺,而直接采用实艇现场浇注成型技术[8]。

(4)法国消声瓦技术。

法国早期使用的消声瓦材料为聚硫橡胶,90年代开展了具有复合功能的聚氨酯涂料型消声瓦研制。法国研制的消声涂层是由许多并列布置的流体消声器构成的,该消声器由若干间隔的刚性材料棒、微型管组成,内部填充不可压缩流体。微型管由与水声阻抗近似的声阻抗板支撑[8]。整个消声涂层是不可压缩的,不受外压影响。

习 题

1. 某船舶的声源级为145dB,航行至背景噪声为115dB的海域,该海域的传播损失与传播距离的关系为1dB/1km。该海域存在水下固定被动声呐基阵,该声呐的空间增益为25dB,时间增益为25dB,检测阈为60dB。该船舶需要与被动声呐基阵保持多远的距离,才能保证不被声呐发现?

2. 某船舶航行至某海域,该海域的传播损失与传播距离的关系为1dB/1km。该海域存在某探测主动声呐,该声呐的声源级为145dB,空间增益为20dB,时间增益为20dB,检测阈为60dB。声呐所处位置受到130dB背景噪声干扰。如果该船舶想要在5km外不被该主动声呐发现,其目标强度应控制到多少?

3. 简述声呐平台自噪声的3条传递路径,并分别列举对应的声呐平台自噪声控制措施。

4. 简述声目标强度的控制措施。

参考文献

[1] 战卓. 某图像声呐系统数据采集与传输控制设计与实现[D]. 哈尔滨:哈尔滨工程大学,2009.

[2] 周鑫,徐荣武,程果,等. 基于OTPA声源级估计的被动声呐探测距离评估方法[J]. 中国舰船研究,2022,17(04):114-120+133.

[3] 刘翠平. 声呐部位水声场的机械自噪声传播分析[D]. 济南:山东大学,2016.

[4] 赵存生,朱石坚. 声呐平台自噪声研究现状及发展[C]// 中国振动工程学会振动与噪声控制专业委员会. 第25届全国振动与噪声高技术及应用会议论文选集. 郑州:航空工业出版社,2012:172-175.

[5] 兰清. 声呐平台自噪声控制方案研究[D]. 哈尔滨:哈尔滨工程大学,2018.

[6] 高琳,张永峰. 美国水下信息系统发展现状分析[J]. 科技创新与应用,2018(19):84-86.

[7] 商超. 消声瓦的吸声机理研究[D]. 哈尔滨:哈尔滨工业大学,2012.

[8] 张文毓. 国外消声瓦的研究与应用进展[J]. 船舶,2010,21(06):1-4.

第10章 动态声学特征管理技术

由于自身工况、海洋环境等因素的不断变化,航行过程中船舶的声学性能并不是一成不变的。这对渔船、游轮而言,更多的是影响捕捞量或是舒适性,而对于军用舰船,尤其是潜艇而言,则影响其作战效能。为此,需要开展船舶动态声学特征管理技术研究,以期实现在航状态下声学态势的动态控制和管理,使船舶的安静性能不仅体现在"造得好",更能体现在"用得好"。

10.1 动态安静性能

船舶的安静性能可分为设计安静性能与动态安静性能。

1. 设计安静性能

定义10.1 设计安静性能:是指在设计和建造阶段通过采用各种降噪技术、工艺,使新建船舶具备的安静性能。

设计安静性能是新造船舶在测试海域和规定的航行状态下所表现出的安静性能。由于在这类测试过程中,测试对象是以一定的速度在水听器测量系统附近匀速运动,并严格遵守船上设备的组成和工况条件要求,所以设计安静性能往往与时间无关,或随时间极其缓慢地变化。

2. 动态安静性能

定义10.2 动态安静性能:是指船舶在使用、维护和管理过程中,由于设备结构的磨损老化、隔振装置的意外失效、船员的不当操作或维修改装等因素的影响而发生变化的安静性能。

动态安静性能是船舶在使用过程中及在服役期内随着时间变化而表现出的声学性能。因为船舶在实际使用过程中存在变速、变向等各种机动动作,且船上工作设备的组成也会发生改变(如通风机、制冷机、疏水泵等),故其声学状态会随着时间发生改变。总结起来,变化的主要原因包括:①使用过程中工况的变化;②海洋环境的变化;③减振降噪措施的意外失效;④服役期内设备、结构的老化失效;⑤维修、改装等因素对船舶声学性能带来的影响等。

3. 设计安静性能与动态安静性能的联系与区别

设计安静性能与动态安静性能这两个概念间的联系与区别如图10-1所示。可以看出,设计安静性能实质上是研究人员在设计和建造阶段通过引入各种减振降噪技术来希望"赋予"船舶的安静性能,并通过声学测量和考核在试验试航阶段对其加以检查验证。而动态安静性能的实质则是这一"赋予"的安静性能在实际使用中的体现,而这也体现出来安静性能会受到上文所提到的各种因素的影响。

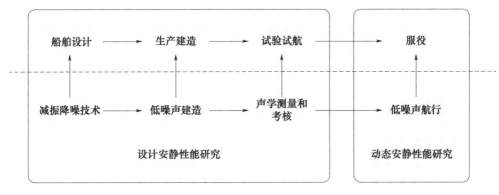

图10-1 设计安静性能与动态安静性能间的联系与区别

同样,设计安静性能研究与动态安静性能研究在研究对象、研究目的和研究范畴等方面都有所不同,如表10-1所示。

表10-1 设计安静性能研究与动态安静性能研究的区别

区 别	设计安静性能研究	动态安静性能研究
研究对象	新建船舶在设计建造过程中的降噪技术问题	船舶在使用、维护和管理过程中的降噪技术问题
研究目的	在各种设计与建造条件下,使新建船舶的安静性能达到最佳	及时掌握使用中船舶的当前安静性能,实现全寿命周期内船舶安静性能的动态控制管理
研究范畴	(1) 船舶低噪声设计与建造技术 (2) 减振、降噪技术 (3) 声学测量与检测技术 ……	(1) 动态声学特征感知 (2) 典型声学故障检测 (3) 安静声学状态辅助控制 ……

动态安静性能将降噪技术的研究从单纯的设计、制造技术,扩展到船舶在全寿命周期内安静性能的动态检测、评估和控制管理的更高技术层面,从而更有效地保障了船舶的使用效益。

10.2 船舶声学故障

船舶是世界上非常复杂的机械系统之一,船舶上任何机械部件故障或对外连接状态异常都可能导致振动、噪声增大,即出现声学故障,导致其安静性能的恶化。

1. 声学故障

定义10.3 声学故障:当船舶的动态安静性能出现异常或恶化,超出可接受的正常范围,就定义为船舶发生了声学故障。

这方面的案例在军事领域较多。例如20世纪90年代,美国海军"迈阿密"号核潜艇在和北约盟国常规潜艇的对抗演习中,其被探测距离与平时相比增大了6.7倍,后发现是由于艇体内部意外发生了声短路造成的,这种声短路现象就是一种声学故障。

声学故障主要包括两个方面:①船舶出现有害振源,比如齿轮或轴发生磨损、腐蚀、不对中、不平衡;②传递路径出现异常,比如管道脉动、弹性支撑破坏、声短路、结构共振等。

因此,从噪声控制的角度来看(图10-2),船舶声学故障识别可从源和传递路径两个环节考虑。根据声场叠加原理,一旦找准主要源或传递路径,从而抓住主要矛盾对症下药,采取相应的控制措施,声学故障修复和减振降噪即可起到事半功倍的效果。

图10-2 噪声问题中的源-路径-接收者模型

根据声学故障的不同严重等级,可将其分为测点级、区域级、全船级。测点级声学故障是指船舶内部主要机械设备的振动与噪声参数超出正常范围,从而可能影响船舶总体安静性能的现象。其研究重点是实现"源"的监测(图10-2),类似于分布式状态监测问题。区域级声学故障是指船舶的组成区域(如舱段、首部、尾部、螺旋桨等)振动与噪声参数超出正常范围,从而可能影响船舶总体安静性能的现象。其重点是实现"源+路径"的综合监测,关注重点包括声学短路、结构疲劳损伤等异常现象。而全船级则是指船舶整体的振动与噪声参数超出正常范围,从而影响船舶总体安静性能的现象。

从测点级到区域级再到全船级,声学故障的严重程度依次增加。其中测点级与区域级声学故障的发生,并不能肯定船舶声学性能已遭到破坏,而全船级声学故障一旦发生,则意味着情形已十分急迫,需要尽快采取相应措施使安静性能恢复正常水平。

2. 声学故障与机械故障的联系与区别

声学故障与机械故障密切相关,很多情况下,机械故障是对船舶声学性能带来影响的重要原因,因为在机械工作时,振动能量流在各种介质中辐射,并通过支撑结构(减振器、框架、基座)、非支撑构件(与机械连接的管路、电缆和其他连接附件)、轴系和空气介质等途径向船体结构传播,如图10-3所示。

声学故障与已有研究中的机械故障在本质上是有区别的,判断是否发生声学故障的原则是声学性能指标是否超标,而机械故障的表现为机械设备的系统属性发生了异常,如表10-2所示。美国海军的研究报告中曾明确指出:一台运行良好的机械设备可能发生了非常严重的声学故障,而一台发生了严重机械故障的设备则可能非常安静地运行。

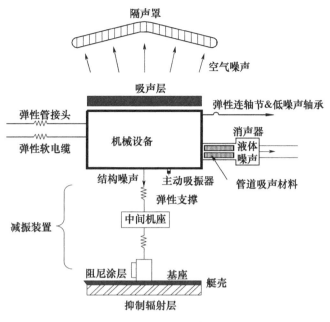

图 10-3　机械噪声传播机理

表 10-2　声学故障与机械故障的区别

要素	声学故障	机械故障
对象	根据需要,可以对应为船舶整体、船体舱段结构或船上设备	一般为船上设备或机械系统
系统的特征或参数	用于描述与系统安静性能相关的系统属性,如辐射声压级、振动加速度级等	用于描述系统设计目标的系统属性,如油液温度、转速、流量、振动烈度等

3. 声学故障诊断

船舶声学故障诊断即为查找导致船舶安静性能出现恶化的原因。而声学特征向量的选择是船舶声学故障诊断的关键一步。

定义 10.4　声学特征向量:描述船舶动态安静性能的特征或参数。

声学特征向量包括两种:①直接表征船舶安静性的特征参数,如辐射声压级、振动加速度级等,其作用是进行声学故障的检测;②当声学故障检测结果为真,即声学故障发生后,用于进行声学故障识别的辅助参数,如船体内外测点间的相干/相关系数、主轴转速、设备开启状态等。

要掌握声学故障诊断技术,首先需要明确与声学故障诊断有关的概念,包括声学故障源、声学故障检测、声学故障识别、声学故障修复、声学故障预报。

定义 10.5　声学故障源:造成或引起声学故障的原因。

如上文所述,声学故障源主要包括两大部分,即有害振源和传递路径。

定义 10.6　声学故障检测:对声学故障是否发生给出定性或定量结论的方法或手段。

通过对声学特征向量的分析判别,定性或定量对声学故障是否发生做出准确判断,是进一步进行声学故障识别和修复的基础,其意义十分重要。

定义 10.7 声学故障识别:声学故障源的查找过程。

所谓声学故障识别,其本质是建立从声学特征向量到声学故障源的某种映射关系,即当声学故障检测的结果为真时,利用当前时刻及历史声学特征向量通过此映射关系来进行声学故障源的查找和判定。

定义 10.8 声学故障修复:对出现的声学故障所采取的相应补救措施。

声学故障修复要解决的是对于出现的声学故障"怎么办"的问题,这是保持船舶安静性能的最终落脚点。现有的技术手段主要包括各种以操作手册、专家系统等形式提出的故障修复建议或与主动控制系统的集成。

定义 10.9 声学故障预报:针对声学特征向量的变化趋势进行的分析建模。

声学故障预报是声学故障研究的高级阶段,其目的是通过声学特征向量的趋势建模分析,实现声学故障的预防和规避。

定义 10.10 声学故障诊断:包括声学故障预报、检测、识别以及修复等各项声学故障处理方法的完整流程。

上述概念间的联系如图 10-4 所示。

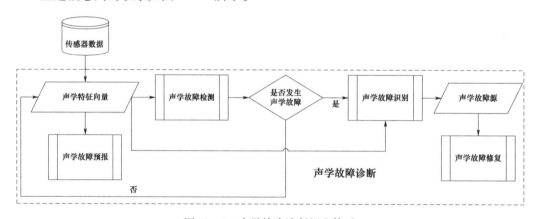

图 10-4 声学故障诊断概念体系

10.3 小知识:舰船噪声监测系统

实现动态声学特征管理的前提是实时掌握船舶的动态声学特征。为实现这一核心技术,需要部署一套能够在海上实时提供本船安静性状态的信息系统。在军事领域中,舰船噪声监测系统(Ship Noise Monitoring System,SNMS)是上述需求的工程实现。

舰船噪声监测系统由布置在舰船不同部位的各种传感器及信息处理系统构成。美国海军现役各级核潜艇,包括"洛杉矶"级、"俄亥俄"级、"海狼"级和"弗吉尼亚"级均装备有"全艇监测系统"(Total Ship Monitoring System,TSMS),系统架构如图 10-5 所示。

TSMS 系统于 20 世纪 90 年代开始研制,是现代舰船噪声监测技术中非常具有代表性的振动噪声监测系统,其核心功能包括:①及时全面地获取本艇当前的振动噪声信息并完成数据分析处理;②通过评估判断本艇的安静性状况,对出现的声学故障进行检测与报警,并辅助艇员查找及修复引起异常的声学故障源;③海上声学试验测量、分析。自 1998 年开始,TSMS 系统陆续装备部队,应用效果显著,得到了美国海军诸多高层如海军上将 Edmund Giambastiani(原美军参联会副主席)、海军中将 John Grossenbacher(原海军潜艇舰队司令)等人的高度评价。

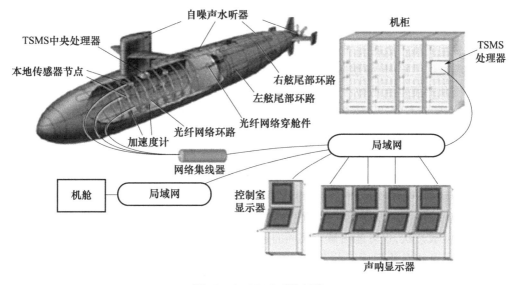

图 10-5　TSMS 系统架构

此外,澳大利亚、法国、英国、加拿大、德国、以色列及俄罗斯等国海军也都装备了类似系统。以加拿大海军的舰船信号管理系统(Ship Signature Management System,SSMS)为例,其构成主要包括传感器、数据采集调理设备、数据传输网络、综合显控设备及存储设备等。传感器组的信号经过数据采集调理设备分析处理后,通过数据传输网络发送到综合显控设备,综合显控设备根据这些数据对潜艇的振动噪声进行全面实时显示、记录、分析与处理。

10.4　船舶动态声学特征管理

船舶动态安静性能研究的核心是动态声学特征管理技术,主要解决以下问题:①当前的动态安静性能如何?②相对于正常状态,动态安静性能是否发生了异常或恶化?其原因是什么?③如何使动态安静性能恢复正常?

船舶动态声学特征管理面对的不是单项技术研究,而是以全船振动噪声实时监测为前提,以声学特征感知、声学故障检测与修复、安静状态评估与控制为核心的一系列技术、管理、决策等活动的总和,使船舶降噪技术从单纯的设计、制造技术,扩展到对船舶在全寿命周期内声学性能的动态检测、评估和控制管理的技术层面。

10.4.1 螺旋桨空化噪声监测

螺旋桨噪声由螺旋桨叶片振动引起的声辐射和空化噪声组成。通常来说,在螺旋桨发生空化之前,桨叶振动引起的声辐射在整体辐射噪声中占比较小,而空化发生后的噪声声级可能比空化前高出30～40dB。水声学专家尤立克(Robert J. Urick)在《水声学原理》中指出:"任何一艘海船螺旋桨若发生空化,这个空化就是全船最主要的辐射噪声源。"由于从空化发生到噪声级剧烈增高是一个很短的过程,空化成为了船舶保持安静化航行不能触及的警戒线。同时,螺旋桨噪声中还蕴藏着航行工况、主轴转速、叶片数等信息,这些特征随着空化的发生更易被敌方声呐系统捕捉,用作目标识别和目标航速估计的依据。此外,对于船舶自身来说,螺旋桨噪声作为声学设备的背景噪声干扰,空化的发生将严重影响声呐探测距离等性能指标。

实验观察径向螺距按常规分布的螺旋桨,在运行工况区的空泡发生、发展情况,大致如下:随着转数及进速增大,通常首先在桨叶梢部出现空泡,空泡呈螺旋线条状,称为梢涡空泡。随着转数进一步增大,空泡由螺旋桨梢部开始沿径向逐步向桨叶中部延伸;由于桨工况不同和叶剖面形状差别,沿径向往内半径发展的空泡,可能起始于叶剖面的前缘或最"厚"处,可能成片状,也可能沿螺旋桨周向成条状,或出现大小不一的球状空泡群。顺流而下的空泡,可能在达到尾部前消失,也可能淹没在桨叶尾流中[1]。在空泡消失－溃灭处,可能形成雾状,称为雾状空泡。与桨叶上出现空泡的同时,随螺旋桨叶根螺距的设计差异,先后出现从桨毂尾端曳出的毂涡及毂涡空泡。图10－6为标准对转桨模型试验时的照片,可以看出由叶梢曳出的线状梢涡空泡和麻花状毂涡空泡。

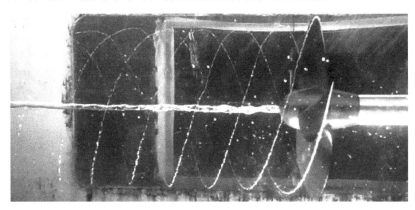

图10－6　标准对转桨模型的梢涡和毂涡空泡

临界转速前后螺旋桨噪声声压级的显著差异,是进行螺旋桨空化判断的重要依据。对于临界转速,较为通用的定义是临界转速为螺旋桨刚发生空化的转速,或螺旋桨噪声开始升高的转速,该转速对应了螺旋桨自噪声级随转速变化曲线的拐点,如图10－7所示。

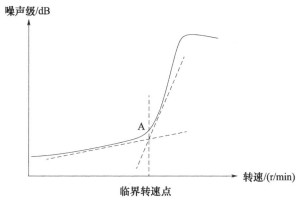

图 10-7 临界转速

原则上只要确定了临界转速下螺旋桨噪声声压级,将其作为参考阈值,与船舶航行中实测螺旋桨噪声级进行对比,即可对螺旋桨的空化状态做出判断。这样一来,螺旋桨空化的检测问题变为了临界转速下声压级的确定问题。在船舶交付使用前,往往会对螺旋桨临界转速进行测量。在稳定海况下,测量船舶直线航行时不同转速下的螺旋桨自噪声数据,求得螺旋桨临界转速,计算临界转速工况下螺旋桨自噪声的中高频带声压级或 1/3oct 声压级,将其作为检测空化的参考阈值,可以实现船舶航行时螺旋桨空化程度的评估。

但船舶所处海洋环境的多变性及船舶噪声源的复杂性,使得声压级作为空化监测参数,在使用中易受干扰。同时,在螺旋桨空化初期,噪声能量几乎没有增加,在声压级上无法体现,检测灵敏度差,故现代的螺旋桨空化噪声监测,通常都融合了除声压级之外的监测手段以克服干扰,提高准确率,改善检测效果。

10.4.2 声学故障诊断

声学故障会产生异常噪声,进行声学故障研究的目的是及时发现船舶的声学故障(检测),并查找导致异常噪声的故障源(源识别、源定位),最终及时有效地修复声学故障源(修复),从而减少声学故障对船舶安静性能的破坏。

1. 船舶异常噪声分类

船舶舱内、舷外都有可能出现异常噪声。

船舶舱内异常噪声可以分为缓变噪声和突变噪声两大类。①缓变的舱内异常噪声多是由于船体、螺旋桨、机械设备的使用老化和磨损等声学故障造成的,噪声信号幅值在较长的一段时间内平稳增大,故障特征参数不会发生不连续的"跃迁"。②突变的舱内异常噪声一般没有任何先兆而突然发生,有可能是由声学故障引起的,比如汽轮机叶片突然断掉;也可能是由船员操作不当引起的,比如过重的踏步声,或是开关舱门的撞击声等。

排除海洋环境的干扰,船舶舷外异常噪声大多表现为突变信号特征。这类噪声多体现于双壳体结构的船舶上,尤其是潜艇,大量采用双壳体结构,且舷间结构复杂,更易产生舷外异常噪声。现在已知的舷外异常噪声的成因可能有:舷间管路在高速水流冲击下产生晃动,管路变形,电缆套管、舷外接线箱松动等。

针对船舶舱内异常噪声,一般采用噪声源识别的技术手段进行研究。而针对舷外异常噪声,噪声源定位技术可靠性更高。

2. 声学故障检测和源识别

声学故障检测和源识别在本质上可以归类为模式识别问题,即根据传感器采集的数据生成当前声学特征向量,然后利用声学故障检测器将其映射到安静性能空间的不同子区域(正常空间或故障空间,如图 10-8 所示),最后根据映射结果做出最终判决。如果能够直接构建特征向量到具体故障模式类(即声学故障空间中某个明确的故障模式类)的映射,即可以实现声学故障检测与故障源识别的一体化。

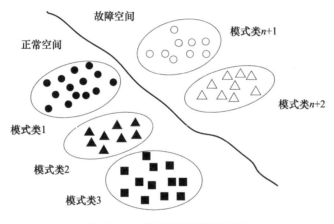

图 10-8 模式识别问题示意图

以上基本思想可以具体描述为:设被检测对象全部可能发生的声学状态(包括正常空间和故障空间的各种模式类,见图 10-8)组成状态空间 Ω_s,它的可观测量特征的取值范围全体构成特征空间 Ω_y,当系统处于某一状态 s 时,系统具有确定的特征 y,即存在映射 g:

$$g: \Omega_s \to \Omega_y \tag{10-1}$$

反之,一定的特征也对应确定的状态,即存在映射 f:

$$f: \Omega_y \to \Omega_s \tag{10-2}$$

如果 f 和 g 是双射函数,即特征空间和状态空间存在一对一的单满射,则由特征向量可唯一确定系统的状态,反之亦然。声学故障检测和故障源识别的目的就是找出映射 f,即在于根据可测量的声学特征向量来判断系统处于何种模式类[2],从而得出船舶当前的声学状态处于正常状态空间或故障状态空间,并根据具体的模式类得出与该模式对应的声学故障源识别结果。

模式识别的一般流程如图 10-9 所示:系统首先根据传感器采集数据生成当前声学特征向量,然后利用声学故障检测器将其映射到声学性能空间的不同子区域(正常区域或异常区域),最后根据映射结果做出最终判决。

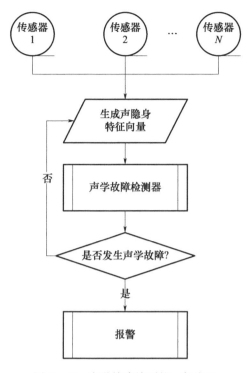

图 10-9　声学故障检测的一般流程

从图 10-9 中可知，要实现船舶声学故障的有效检测和故障源的准确识别，其关键就在于分析声学故障源及传递系统的特性，从而建立特征空间与状态空间的映射关系。对于船舶这样一个复杂系统而言，各个机械设备运作过程及振动噪声传播机理非常复杂，因而要精确得到系统的动态数学方程，利用解析法求解是很困难的[3]。另外，因为船舶内部各个振源的分布特性及考虑板件或梁振动传播导致的庞大计算量，使单单运用有限元分析也变得几乎不可能。相对而言，测量反映系统运作过程动态特性的输入输出数据（源和叠加场信号）却要容易得多。因而，对于船舶声学故障检测识别问题而言，基于测试信号的辨识建模较机理法要优越得多。早在 20 世纪 80 年代，美军在其联合舰队维护手册（Joint Fleet Maintenance Manual）第四卷第六章——潜艇降噪部分中就已明确规定：艇上监控技术辅助检查（Technical Onboard Monitoring Assist）主要在于训练艇员如何通过可利用的传感器（包括拖曳阵、平台噪声水听器、机械和艇壳振动的同时测量）对本艇噪声进行数据采集、分析并评估潜艇的声学信号，以识别和定位主要的声学缺陷。该种检查规定是"每年进行一次"。进入 90 年代以后，随着各类船舶振动与噪声监控系统的成熟，船舶在线进行噪声源分析和声学缺陷诊断成为可能。最具代表性的仍然是军事领域的 TSMS 系统，其通过布置在舰艇各个部位的加速度计、水听器和合理布置的脉动压力传感器等，实时定位超过限值或存在配置缺陷的噪声源。

澳大利亚防卫科技组织（Defence Science and Technology Organisation, DSTO）海事分部研制的 ISCMMS（Integrated Ship Control Management and Monitoring System）系统，通过加速度计测量数据来为机械设备进行"指纹"采样，并与艇内和艇外传感器测量到的声学特

征信号进行比较,从而确定潜艇噪声故障的情况。需要指出的是,ISCMMS 系统定义的是机械噪声故障,即当机械设备的噪声超过规定值时就进行报警和控制,但机械振动噪声超标不一定会导致全艇声学性能的恶化,因而这还不是真正意义上的潜艇声学故障的概念。

法国海军造船局潜艇分部(DCN INGENIERIE – Submarine Department)开发的潜艇自噪声监测系统(Acoustic State Supervision,ASS),通过固定于艇体的加速度计和合理布置的脉动压力传感器,确定艇体的振动是否超过振动限值。此外,ASS 系统能够分析艇体上所测信号和结构上所测信号之间的联系,因而可方便地确定系统异常情况来自何种结构[4]。相比于澳大利亚的 ISCMMS 系统,法国的 ASS 系统虽然没有提出声学故障的概念,但其出发点却立足于全艇的声学状况变化,并考虑了不同测点间的联合分析,这同真正意义上的声学故障概念已经比较接近了。

3. 异常噪声源定位

基于阵列信号处理技术的声源定位方法是国内外热门研究方向之一,目前可用以实现阵列信号处理的算法很多,常应用在声源定位领域的方法包含基于可控波束形成的声源定位方法、基于子空间方法的声源定位方法、基于到达时间差的声源定位方法等。考虑到实际船舶上安装的传感器测点数量较少且位置受限,基于到达时间差的声源定位方法具备一定的实用性,下面仅简单介绍其基本原理。

基于到达时间差的声源定位方法由两个部分组成:第一部分为时延估计,即计算不同接收器所接收到的同源信号之间的时间延迟;第二部分为非线性定位方程组求解,即结合传感器阵列的几何分布来确定声源位置[5]。

时延估计原理图如图 10 – 10 所示,时延估计的基本信号模型可表示为

$$\begin{cases} x_1(t) = s(t - t_1) + p_1(t) \\ x_2(t) = As(t - t_2) + p_2(t) \end{cases} \quad (10-3)$$

式中:$s(t)$ 为目标源信号;$x_1(t)$ 和 $x_2(t)$ 分别为两个水听器接收到的信号;$p_1(t)$ 和 $p_2(t)$ 为两个水听器接收到的噪声信号;t_1 和 t_2 分别为两路信号的到达时刻。两路信号的到达时间差,即时延为 $\tau = t_1 - t_2$。

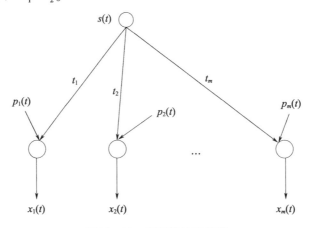

图 10 – 10 时延估计原理图

基于到达时间差的定位方法,第二个步骤是在时延已知的基础上,根据传感器的空间几何分布,解算出目标声源的具体位置。这个过程有两个工作需要完成:①根据时延估计值和水听器坐标,建立定位模型,即非线性定位方程组;②设计合适的算法,对非线性定位方程组进行求解。因为上述的非线性定位方程组的解在一个双曲面上,如图10-11所示,因此第二个步骤我们有时也称为双曲面定位。

式(10-4)和式(10-5)定义了一个非线性双曲面方程组:

$$\sqrt{(x-x_i)^2+(y-y_i)^2+(z-z_i)^2}-\sqrt{(x-x_r)^2+(y-y_r)^2+(z-z_r)^2}=\Delta d_{ir} \quad (10-4)$$

$$\Delta d_{ir}=v\cdot\tau_{ir}, i,r=1,2,3 \quad (10-5)$$

式中:(x,y,z)为目标噪声源的空间坐标;(x_i,y_i,z_i)和(x_r,y_r,z_r)为测量点空间坐标;Δd_{ir}为目标噪声源经不同路径传递至不同测量点间的距离差;v为声速。联立方程组进行求解,即可得到传统双曲面定位方法的结果,即多个双曲面的交点就是目标声源的位置。

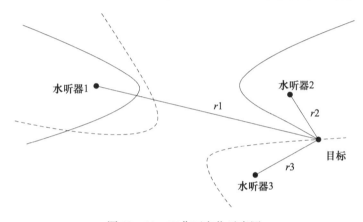

图10-11 双曲面定位示意图

10.4.3 辐射噪声实时评估

只有及时、精确地获取船舶辐射噪声,才能结合敌方声呐性能、海域声场环境等作战参数,评估当前潜艇所处的声学态势,为指挥员决策提供定量、可靠的技术参考。

水下辐射噪声评估方法主要有以下三类:

1. 理论解析

预先获知船舶外形尺寸、结构组成,对船舶近场构造 Helmholtz 积分式并进行积分,得到辐射噪声总能量。在求解积分的过程中,通过合理的假设和变换,将连续积分化简为离散求和,从而得到部分测点和辐射噪声之间的传递关系。这一方法的优势在于物理模型清晰、结果可靠。缺点是船舶这类大型复杂结构的积分解析式无法简单得到,即使得到,也难以进行积分变换求解。

2. 数值计算

预先获知船舶外形尺寸、结构组成,在部分情况下,还需要预先获知船舶内部结构、设备布置等。利用自主研发或商业推广的声学仿真软件,结合一定的声学假设和推论,在最终辐射噪声计算结果和船内、外测点之间建立起关系。这一方法的优势在于对理论推导要求较弱,能够应用于任意复杂的大型结构;建立的关系未受实际声场影响,相对稳定。缺点是数值模型计算量较大,实时性不强;为了准确完整地输入数值模型所需声学参数,需要配置大量测点,对硬件要求过高。

3. 实船测试

根据声学传递等相关理论和实船测量数据,在船体振动、自噪声和辐射噪声之间建立关系。这一方法的优势在于对先验知识、硬件配置要求低;测量得到的"振动、自噪声 – 辐射噪声"关系矩阵通常阶数不高、实时性较强;评估结果以实测数据作支撑,对计算要求低,适用于复杂结构。缺点是实船测量实施难度较大,部分测量受结构空间、强度等因素影响,无法开展;部分实测结果缺乏理论基础,应用可靠性不明晰。

由此可见,三类方法各有优劣。一般而言,可以根据具体工程问题的实际需求,选用与之相适应的方法。这里以"实船测试"类的工况传递路径分析法(OTPA)为例,对辐射噪声评估过程进行说明。

OTPA 起源于传统的传递路径分析法(TPA),在噪声源识别、定位等领域具有广泛的应用基础。传统的 TPA 方法中,船舶上施加的激励力 F、辐射声压 P、传递函数 H 之间有如下关系:

$$P = FH \quad (10-6)$$

事实上,不仅是辐射噪声,船舶上施加的激励力与船舶结构振动响应 v、船体舷外自噪声响应 Π 之间,也有类似关系:

$$v = F\Phi_1 \quad (10-7)$$

$$\Pi = F\Phi_2 \quad (10-8)$$

式中:激励力与振动响应之间的传递函数用 Φ_1 表示;激励力与自噪声响应之间的传递函数用 Φ_2 表示。为了表达方便,式(10-7)和式(10-8)统一用下式来表示:

$$Y = F\Phi \quad (10-9)$$

式中:Y 为激励力下的响应矩阵;Φ 为相应的传递函数矩阵。对于一个线性系统,联立式(10-9)和式(10-10),可以得到

$$P = YT, T = \Phi^{-1}H \quad (10-10)$$

式中:T 为传递矩阵。当然,这一定义依赖于矩阵 Φ 可逆。

求解传递矩阵 T,自然不能依靠未知的 H 和 Φ,而是通过在不同工况下测量获得的 P 和 Y,这也是该方法称为工况传递路径分析法的原因。

不妨假设共有 M 个船体舷外自噪声或船舶结构振动响应点,N 个辐射噪声测量点。为了能够获得传递矩阵 T,共进行了 W 组训练工况。那么,式(10-11)就可以写作

$$P_{W \times N} = Y_{W \times M} T_{M \times N} \quad (10-11)$$

虽然在实际工程应用中,上式不可能严格成立。各方面的测量误差、数据拟合的不确定性导致上式存在一个残差值 μ:

$$P_{W \times N} = Y_{W \times M} T_{M \times N} + \mu \quad (10-12)$$

我们只是希望得到一个尽可能接近真实值的传递矩阵 T。为了尽可能地减小残差值 μ,可以借鉴广义逆计算公式,即 $T = Y^+ P$。当船舶在航行使用过程中时,可以实时地监测船

舱结构振动和船体舷外自噪声,记作 $y_{1 \times M}$。此时的辐射噪声评估值为 $p_{1 \times N} = y_{1 \times M} T_{M \times N}$。

图 10-12 和图 10-13 是在我国千岛湖水域开展的水上结构辐射噪声实时评估验证试验,所采用的方法就是工况传递路径分析法。从试验结果来看,大多数频点的评估误差都小于 2.5dB。

图 10-12 湖上试验用双层圆柱壳体模型

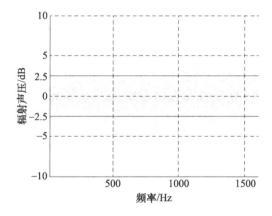

图 10-13 各频点辐射噪声评估误差对比

10.5 小知识:联合舰队维护手册

美国海军十分重视提升潜艇部队的降噪意识,他们认为:"除了常规的降噪工作,每个艇员的一举一动在整个潜艇的降噪意识中一样重要,潜艇的声隐身汇聚了全部艇员的努力,艇员要把安静二字记心间。"为此,美国海军潜艇维护工程与计划部门(SUBMEPP)编写了《联合舰队维护手册》(Joint Fleet Maintenance Manual),用于提供在舰艇使用周期内,关于有效舰上降噪组织及降噪管理的要求。《联合舰队维护手册》中确定了评估舰艇辐射噪声特征所需的"声学试验",并总结了必要的定期舰上"声学检查"的相关责任和要求,以使潜艇保持最安静状态。此外,美国海军还设立了降噪委员会,用于负责潜艇低噪声管理相关事务。

10.6 小知识:美国海军卡德洛克分部介绍

美国海军海洋系统司令部(Naval Sea Systems Command)是海军五个系统司令部中规模最大的一个,下设有水面作战中心(Naval Surface Warfare Center,NSWC)和水下作战中心(Naval Undersea Warfare Center,NUWC)。作战中心提供装备和支援舰队所需的技术行动、人员、技术、工程服务和产品,以满足作战人员的需要,是海军对水面舰艇和潜艇系统及子系统的主要研究、开发、测试和评估活动。卡德洛克分部(Carderock Division)是水面作战中心的一个主要组成部分,职责包括处理海洋应用科学和技术的所有方面,从理论、概念、设计,到实施和后续工程,旨在提高船舶、无人航行器等的性能。

美国海军卡德洛克分部下设 8 个部门,分别为审计官办公室,船舶系统集成与设计部,运营部,合同和采购部,流体力学部,生存能力、结构和器材部,船舶特征部,机械研究与工程部。其中船舶特征部负责与特征控制有关的先进隐身技术研发。在船舶服役阶段,该部门为评估船舶寿命周期内的声学特征提供支持。

船舶特征部下设 5 个处室,分别为特征鉴定和分析处、声学特征技术处、特征测量技术和系统处、电磁特征技术处、水下电磁特征技术处,如图 10-14 所示。

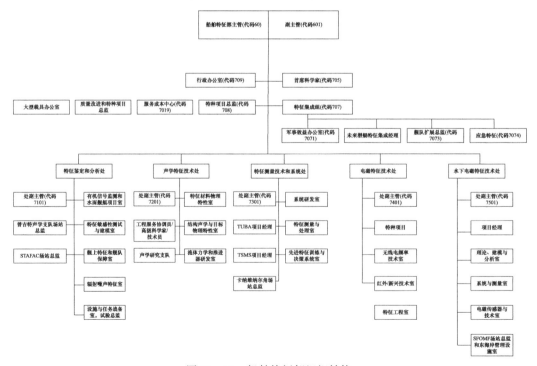

图 10-14 船舶特征部组织结构

1. 特征鉴定和分析处

特征鉴定和分析处的任务是,在船舶试验中,规划和提供声学试验以及分析试验数据,充分描述船舶的声学特征。

该处对辐射噪声、目标强度、声呐自身和结构噪声进行分析,以确定主要噪声源。该处根据测试与分析结果,提出降噪研究、船舶改装、舰队维护等方面应采取的措施建议。该处还是海军声学特征数据储存库,负责管理试验设施,并建立新数据采集和信息处理系统。

2. 声学特征技术处

声学特征技术处的任务是,通过对船舶的结构声学、材料、水声学进行研究,从而实现对船舶声学特征的有效控制。

该处对声学目标强度、船体辐射和相关传递函数、流动噪声和推进器特征进行分析、预测和设计,以确定并评估船舶主要声学特征。该处开发、运营、维护和升级大型船舶模型,以提高海军评估技术的发展水平,推进隐身技术的能力。该处还定义船舶声学特征控制领域的物理特性,并为美国海军提供专业的工程和技术服务。

3. 特征测量技术和系统处

特征测量技术和系统处的任务是,设计、开发和维护船舶特征数据系统,该系统用于测量、获取、处理和分析船舶特征数据。

该处负责硬件和软件设计,以满足海军对特征提取、信号处理、信号成像和高级算法开发的要求。该处采用先进的信号处理技术,对船舶特征被探测性进行评估,并确保系统的稳定性以及船员的可操作性。

电磁特征技术处、水下电磁特征技术处不是本书的重点,此处就不展开介绍了。

习 题

1. 简述"设计安静性能"与"动态安静性能"的区别。
2. 简述"动态安静性能"的影响因素。
3. 简述"声学故障"和"设备故障"的区别和联系。

参考文献

[1] 甲花索朗. 船用螺旋桨仿生表面降噪性能及其砂带磨削方法研究[D]. 重庆:重庆大学,2022.

[2] 朱文. 基于神经网络专家系统的电机故障诊断研究[D]. 天津:天津科技大学,2004.

[3] 徐荣武,何琳,章林柯,等. 基于虚拟样本的双层圆柱壳体结构噪声源识别研究

[J].振动与冲击,2008(05):32-35+171-172.

[4]周春凯.潜艇自噪声监测系统[J].国外舰船工程,2002(Z1):77-81+95.

[5]余文晶,何琳,崔立林,等.时延匹配加权的舷外异常噪声源曲面投影定位方法[J].声学学报,2019,44(01):49-56.

第11章 声学设计、建造与测试

减振降噪技术的突破不一定就代表着船舶声学性能的提升。在技术突破和工程应用之间,还有最后一步路要走。这一步涉及船舶的顶层声学设计、建造施工和测试验收,相对于理论、技术研究,与实际工程联系更加紧密,也更加看重实用性。考虑到相关内容琐碎繁杂,常常需要因地制宜、因时制宜地开展工作,本章节主要选择设计、建造和验收阶段中较为核心的三个技术点,着重介绍。

11.1 船舶声学设计方法

广义的船舶声学设计不仅包括本书的全部内容,还包括与之相关的动力、电气、机械、信息等工程知识和声学、力学、数学等理论知识。本节显然只讨论狭义上的船舶声学设计,即单项减振降噪技术都已确定后的技术集成、总体规划等问题。

即便如此,全面论述狭义上的船舶声学设计仍然非常复杂。一方面,其涉及的内容还是过于宽泛,且与各类技术相互耦合;另一方面,囿于当前技术水平、用户实际需求、工期经费条件等多个因素,不同情况下,相关设计方法存在较大差异。

为此,讨论船舶声学设计,更偏向于先确定一些基本原则。这些原则包括但不限于:

(1)划分船舶为若干功能性分段,并使各功能性分段之间的物理性连接降到最低程度,并对各分段的噪声进行全方位控制;

(2)组件的选择应尽可能考虑降噪,如果某组件并不是必不可少的,那么它就是毫无用途的;

(3)系统设计应与降噪要求保持一致;

(4)降噪会产生大量的附加质量,在进行重量计算时要留有充分的余地;

(5)船上应急系统并不优先考虑降噪;

(6)降噪不能成为降低船舶安全性的理由。

除了这些基本原则,本节将进一步通过三项具体工作,即减振降噪措施选用、舱室布置、船体基座优化,论述船舶声学设计的思路和方法。

11.1.1 减振降噪措施选用

在很多情况下,因为重量、空间等总体条件的限制,不是每一项对减振降噪有益的措施都能得到应用。现代船舶降噪工程的关键,往往是声学性能和总体性能之间的权衡,确保"好钢用在刀刃上"。

想要做到这一点并非易事,其核心是以船舶的声学需求为牵引,开展声学设计。相关工作可以分为两步:①制定顶层指标;②指标分解和技术集成。具体操作流程如图11-1所示。

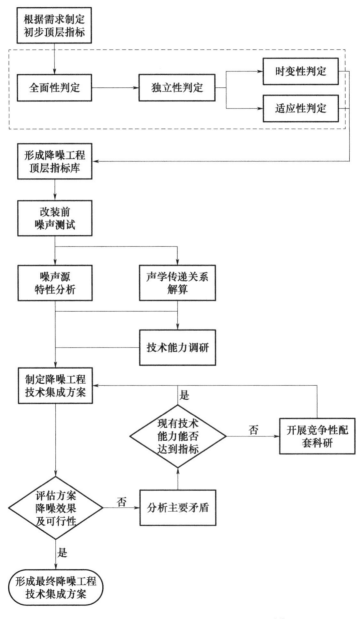

图 11-1 船舶降噪改进方案制定流程[1]

1. 制定顶层指标

船舶声学顶层指标的设计都是围绕实际需求进行的。一般而言,作为船舶的使用方或是客户,会根据船舶在执行任务过程中的定位和作用,提出相应的顶层噪声控制要求。例如,对于远洋的科考船,安静性主要体现在不影响海洋生物。因此,其降噪频段集中在目标环境水生物的听力感受频段等。

当代船舶顶层降噪指标,除了总声级指标外,还将根据避免发现、识别等特殊需求,提出不同工况下宽带、窄带、线谱和瞬态噪声的控制指标。因此,船舶声学顶层指标不是一个单纯的数,而是一个集合,包括总体声学性能、具体需求和本船噪声控制重点。

潜艇就是一个很好的例子。英国"机敏"级核潜艇的设计思想是:在外形设计上以"特拉法尔加"级核潜艇为基础,做出最小的改动,但要求装备最先进的动力系统、电子系统与武器系统,提高自动化程度,减少人员编制。其对辐射噪声的要求是在"特拉法尔加"级核潜艇的基础上降低10~20dB。美国"弗吉尼亚"级核潜艇在论证过程中,就不断确认需求,先后编制《任务需求书》和《作战需求书》,如图11-2所示。

除了新船建造,旧船改装的声学设计工作,同样是根据需求,首先制定顶层指标。

例如,某船舶A已服役10年,现需参加辐射噪声小于145dB的船舶所组成的编队,完成8kn巡航任务。但该船设计之初仅考虑了4kn巡航任务下的噪声需求,且受当时技术水平限制,4kn航速下噪声即已超过145dB。因此,需对该船进行降噪改装。

确定初步的降噪顶层指标集合:

(1)总声级指标。该船舶需要参加辐射噪声145dB以下的船舶编队,为避免"短板效应"的出现,该船8kn航速下噪声指标应也在145dB(10~50kHz)以下。

(2)频带级指标。根据一般船舶声学模型计算,该船辐射噪声1/3倍频程谱源级指标限值线在10~200Hz为119dB,在200~50kHz频段内按每倍频程6dB衰减。

(3)线谱指标。在10~315Hz频段内线谱数量低于3根,强度不超过对应宽带谱强度以上3dB。

(4)临界航速指标。根据任务需求,推进器的临界航速不能小于8kn。

(5)其他噪声指标,例如瞬态偶发噪声、声目标强度、自噪声强度等,均根据需要制定。

在初步取得顶层降噪指标集合后,这些指标间的关系还不明晰,部分指标可以通过其他指标表征,或者设计不科学。设计如下流程,可对各指标进行检验和判定。

(1)全面性判定:梳理船舶有哪些特征可能被敌方发现、定位或识别,检验指标中是否已经全部囊括。

(2)独立性判定:检验这些指标是否相互独立。

(3)时变性判定:检验各项独立指标是否是随时间变化的量,对于时变指标是否已经在船舶寿命范围内充分评估。

(4)适应性判定:检验各指标是否能够反映各类对抗环境下的要求,环境影响是否得到充分评估。

还是以船舶A的降噪工程为例,初步降噪指标集合中,频带级和总声级相互之间是不独立的。上述示例中,如果船舶A满足"10~200Hz频段内为119dB,200~50kHz频段内按每倍频程6dB衰减"的频带级的指标,根据船舶噪声一般规律计算,其总声级约为144.9dB,就必然满足145dB的总声级指标。因此,总声级指标可以从指标集合中移除。

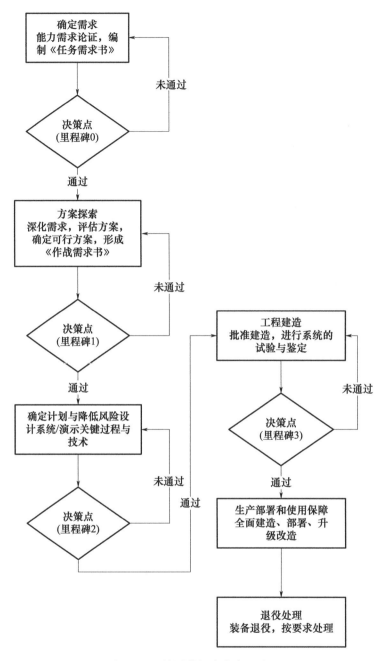

图 11－2　美军潜艇建造论证过程

频带级指标、线谱指标都是时变参数,即随着船舶的使用,噪声量级会略有上升,线谱数量也会略有增加。因此在制定指标的过程中,应当预留一定余量,确保船舶后续服役期内能够满足指标要求。根据船舶声学状态变化规律(20～30 年内增大 5dB 左右)和剩余的服役期判断,噪声量级预留 2～3dB 余量是比较合适的。

外界环境可对船舶辐射噪声、临界航速产生影响。以水深为例,不同水深条件下,临界航速、噪声辐射效率均不同。据此估计,辐射噪声应预留 1dB 余量,以适应环境的影响。而该船临界航速远大于8kn,该指标无须考虑。

最后,可形成完整的指标集合:

(1)辐射噪声1/3倍频程谱源级指标限值线在10~200Hz频段内为115dB,在200~50kHz频段内按每倍频程6dB衰减。

(2)10~315Hz频段内线谱数量低于3根,强度不超过对应宽带谱强度以上3dB。

需要指出的是,旧船改装和新船建造有一项显著区别。旧船因为已经投入使用,可以开展相应的噪声测试,在测试数据的支持下,有针对性地开展减振降噪工作。尽管很多船舶在出厂时就已经开展过噪声测试工作,但在以降噪为目的的旧船改装中,这项工作还是必不可少。主要原因包括两个方面:

一是由于在役船舶在使用过程中,其声学状态可能发生变化。国外资料表明,正常使用的船舶在全寿期里,辐射噪声会有5dB的增加。此外,一些意外故障也可能导致船舶辐射噪声发生变化。

二是交船噪声测试、摸底噪声测试等测试工作,由于任务目标与噪声控制无关,其工况、测点等设置仅能满足相应验收要求,而不能满足降噪工程对噪声源、传递路径分析的需要。例如,某船舶在交船验收测试时,由于不要求对部分主要噪声源进行分离,因此没有设置相应航速下不同的对比工况和滑行工况。而降噪工程要求掌握主要噪声源特征,因此,需要在降噪改装前的噪声测试中增加这类工况。

2. 指标分解和技术集成

这个步骤是由指标分解、技术集成两部分工作组成的。在理想的船舶声学设计中,这两部分工作有着先后顺序,即首先根据顶层指标要求,按照船上各类噪声源进行分解,确定其振动、噪声分指标;其次集成各类减振降噪技术,以达到相应的分指标要求。

但是在实际操作中,这个思路还是过于理想化了。顶层指标的分解受到现有技术能力、总体条件、施工进度、经费支持等各类因素的制约。一次性完成指标分解工作的可能性相对较小。一般而言,在初步指标分解的基础上,考察各类降噪技术集成效果,反复迭代优化,达到顶层指标要求,是较为可行的技术途径。具体步骤如下:

首先,根据测试和计算,掌握可能的主要噪声源、必要的声学参数等,提出初步的降噪措施。

提出降噪措施的一项主要依据是技术能力调研情况。船舶声学设计工作开始时,就可以组织相应的技术能力调研。该项工作可以分为三个阶段:①制定调研方案;②组织实施调研;③总结调研成果。其中,组织实施调研有多种形式,包括实地考察、传真函调、会议座谈等。

其次,按照制定的降噪措施制定初步的降噪方案,通过声学计算判断是否满足顶层指标要求,同时通过总体评估,判断方案是否满足总体条件限制。

顶层指标要求可通过下式予以检验:

$$P_e = 10\lg\left(\sum_{i=1}^{N} 10^{P_i^{(2)}/10}\right) \tag{11-1}$$

式中:P_i为不同噪声源或不同传递路径的辐射噪声贡献;N为噪声源(传递路径)的总数;P_e为评估得到的船舶总噪声。如果P_e不大于顶层指标要求,则声学性能达标。

总体条件限制主要包括重量、空间等资源。我国早期船舶设计为了确保功能实现和安全性,常常放弃了超重、超大的降噪措施。现在,随着安静性能的重要性不断凸显,通过总体资源的合理调配,部分重量、空间消耗较大,但降噪效果好的措施也得到了应用。

如果声学性能达标,且总体评估没有发现矛盾和问题,可以认为初步的降噪方案已经基本满足要求,后续无须大量修改。

如果声学性能无法达标,则应找到引起该问题的主要噪声源。重新结合技术能力调研结果进行分析。一方面考察是否存在针对该噪声源降噪效果更好的技术,加强其噪声治理,以满足要求;另一方面考察是否存在针对其他噪声源降噪效果更好的技术,可通过加强其他噪声源治理力度,以满足顶层指标。若上述两项措施应用后仍无法达到指标,则结合技术发展趋势,拟定科研项目,向国内外技术研究单位发布,开展相应研究,以期尽快达到所需的技术水平。

如果总体条件不能满足可行性、可靠性等要求,则应通过采用集中布置、换装复合材料等技术手段,减少降噪措施对空间、重量等各类总体资源的需求。如果仍不能满足要求,则在不影响顶层指标实现的情况下,减少部分次要噪声源的治理措施。

技术集成方案修改完成后,按照该方案,重新进行声学计算和总体评估,开始新一轮迭代,直到全部问题得到解决。

11.1.2 舱室布置

这里的舱室布置,仅狭义上旨在减少船舶空气噪声对船员影响。广义上的舱室布置,不仅可以有效减少噪声源对关键区域的干扰,有时也能限制振动、噪声的传递。

虽然选择更低振动的机械设备、更安静的推进系统和更优化的船体线型,是从根本上解决舱室噪声的首要途径。但是,很多时候由于技术或者经济原因,这些条件都无法改变。船舶设计者所能做到的,就是将起居舱室等关键区域与噪声源和振动源隔离开,越远越好。

驱动螺旋桨的动力装置通常被布置在船尾部分,因为将动力装置移动到前面,则需要采用加长螺旋桨轴等方法,这从经济角度来讲是不够合理的。当布置动力装置时,必须确保为轮机舱操作员提供最佳条件。例如,柴油发电机组应被放置在远离主发动机的地方,那么当船舶停靠后,发动机保养人员就可以在低噪声环境中工作。将柴油发电机组放置在一个独立的船舱里面是很有利的,这样就可以保证对其中一个发电机进行维修和保养时,不会对其他的发电机有噪声影响。噪声较小的辅助机械可放置在与高噪声、高振级动力机械相隔离的区域。

在选择声学特性适宜的船舶结构时,起居舱室的布置尤其重要,起居舱室包括居住舱室、餐厅、医务室及其他必须满足极其良好的适居性声学要求的舱室。船上的声学条件很大程度上取决于此处的布置情况。数据表明,如果起居室远离发动机舱和其他产生剧烈振动和噪声的地方,其噪声水平至少降低 25dB。

根据不同类型起居舱室的布置,船舶可被分为加长货船(油轮、干运船舶等)、客船以及小排水量船舶。

加长货船的舱室布置是相对容易的,更大的布置空间也给了更多的选择。如果起居舱室与动力舱室之间的距离达到 30～40m(例如在船首),那么仅通过降低沿船体的振动,就可以保证起居舱室的空气噪声级降低 20～25dB。一个需要考虑的问题是,如果起居舱室远离动力舱室,那么通信距离也会变长,而这对经济性是不利的。

有时,即使是加长货船也不能自由选择起居室的布置位置,甚至被迫布置在动力舱室的正上方。如果是这样,可以参考后文中有关小排水量船舶的解决方案。

客船的起居舱室通常较大,这类区域可能占用了船体和上层结构的大部分空间。同时,客船对起居舱室安静性的要求也相对较高。因此,为了节省空间,可以将一些不产生噪声,或噪声较小的舱室和区域作为缓冲区,布置在动力舱室和起居舱室之间。例如,储藏室、厨房、浴室、洗衣房、走廊等非居住区,就可以作为缓冲区。电梯、风机、空调以及其他声振源设备不应安装在起居舱室的围板或舱壁上。通向动力舱室的门不应位于靠起居舱室入口非常近的地方,除非有隔声门或隔声区域。缓冲区应该在水平面上和垂直面上(图 11-3)均可将噪声区和起居舱室隔开。

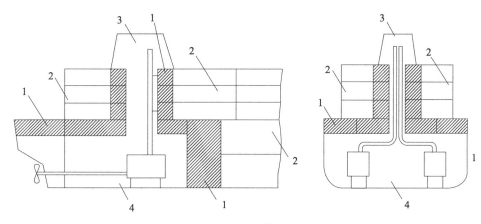

图 11-3 船上缓冲带布置平面图
1—缓冲区;2—起居舱;3—动力舱风道;4—动力舱。

在舱室布置中,最大的挑战在于小排水量船舶。因为船体长度、排水量有限,所以将起居舱室与动力舱室完全隔开是不可能的。该问题最好的解决办法可能就是将起居区域移到船舶上层建筑上,以尽可能远离动力区域。不过,有时不得不将这些上层建筑设置在动力区域的正上方。对于这种不得不将起居舱室和动力舱室布置在一起的情况,只能通过本书前述的各类减振降噪技术予以解决,例如,对整个起居舱室进行弹性减振、加强舱室结构刚度等。

需要指出的是,许多动力舱室需要有相应的通风管道,而这些管道可能直接贯穿位于其上的起居舱室。除了前述的减振降噪技术外,优化进排气布置也是降低通风管道噪声影响的重要措施。进排气口应尽可能远离指挥、服务以及起居等区域,且彼此隔离开,使最大声辐射朝向一个安全的方向。

11.1.3 船体基座优化

船体外形结构问题已经在第 8 章讨论过了。此处的船体基座优化更偏重于船舶内部的支撑或非支撑结构设计问题,尤其是基座结构设计。通过合理设计,可达到调开结构振动共振频率与噪声源激励频率、降低结构响应、减小振动传递的目的。

低频共振是一个常见的船体基座设计问题。通常不建议使用过于复杂的基座结构,以免出现局部共振。通过本书前面章节的介绍可以看出,对于单纯的减振而言,基座重量越重、刚度越大则越好,但是过大的刚性基座,也可能导致潜在的应力集中和疲劳强度问题。折中兼顾就显得非常重要。值得一提的是,相同的原理也可以用在内部隔舱壁上。当内部隔舱壁设计不当或过多时,也可能导致应力集中,出现变形,成为振动传递的路径。

机械设备的重量很大程度上决定了基座的选型。一些文献中,会将船用设备按照重量分级。例如:Ⅰ级设备为重量小于450kg(约1000lb)的设备;Ⅱ级设备为重量在450kg(约1000lb)到4500kg(约10000lb)之间的设备;Ⅲ级设备为重量大于4500kg(约10000lb)的设备。当然,这个分法不是唯一的,仅是用于为基座选型提供参考。一般而言,较轻的设备可选用管状结构的基座,而较重的设备,则选用板状结构的基座。

考虑到船体基座声学设计的基本任务就是提高设备的输入机械阻抗,以降低基座安装板和其所在结构上的振幅,除了低频共振和设备重量,俄国人尼基福罗夫在《船体结构声学设计》一书中提出了一系列船体基座的设计建议:

(1)基座安装板的厚度应尽可能大,基座安装板自由边用缘条加固;

(2)将安装板分割成各部分的肘板间距应尽可能小,减振器或机脚安装部位应尽量靠近肘板;

(3)加固基座处的板架的静抗弯刚度至少应比在减振器或机脚连接部位安装板的静抗弯刚度大2倍,如无法满足,应增加基座惯性阻力,例如用混凝土等材质填充基座组件之间形成的空隙;

(4)将基座尽可能布置在安装板架的边缘,以减小低于一阶弯曲共振频率的振动向板架传递;

(5)悬臂式基座应直接布置于加固安装板架的垂直加强筋上,这些加强筋总的抗挠刚度必须足够大;

(6)选择基座安装板尺寸时,应确保其一阶弯曲共振频率远离机械设备振动线谱,两者相差至少20%~30%;

(7)对船舶机械设备基座进行声学设计时,还可采取相关措施以改善基座弯曲振动结构的声振吸收性能,如在基座支撑结构中采用吸振材料、涂层等。

上述建议与原文基本一致,部分概念根据最新的表述习惯和工程实际有所调整。需要说明的是,这些建议不是必须遵循的,而是围绕"提高设备输入机械阻抗"的目的,需尽可能做到的。

11.2 船舶声学质量管理

船舶的声学性能满足要求的程度,也被称为"声学质量"。广义上讲,船舶的设计、建造、使用和维护，都可能对其声学质量造成影响，其管理过程都是声学质量管理。例如第10章中介绍的"舰船噪声监测系统"，就是一项典型的船舶使用过程中声学质量管理技术。但在实际船舶工程中，声学质量更多地是采用其狭义的含义，即仅限于建造阶段的施工声学质量。

声学质量属于船舶质量管理体系中的一种，粗制滥造的船舶往往也会伴随异常的偶发噪声。毫无疑问，更先进的建造技术、更完备的工业基础能够有效提升船舶声学质量，很多一般性的质量控制措施，也同样适用于声学质量。全面阐述所有的质量控制措施，并不是本书的重点。本节仅通过国外潜艇建造的几个实际案例，简单地说明施工过程的管理和监督在确保船舶声学质量中的作用。

11.2.1 优化组织模式

1. 用户主导设计

船舶建造过程中，具体的设计细节时常会根据建造单位的实际情况进行调整。这种调整方便了建造单位施工，但有可能损害用户的利益。用户如果不能有效把控设计、建造，那么最终的质量也就难以保证。美国海军在这方面大量采用"无偏差"方案，较好地控制了这一风险，保证了建造质量。

在各类船舶建造工作中，核潜艇推进装置的建造难度相对较高。美国海军核潜艇推进装置的详细设计方案不由建造方设计，而是由海军"核推进计划"中的设计单位专门设计，并由政府提供给船厂。这种方案不允许有偏离，被称为"无偏差方案"，相应的图纸是"无偏差"图纸。1963年，"长尾鲨"号核潜艇沉没后，美国海军启动了"潜艇安全性"计划，该计划要求所有与海水接触的系统和界面的设计方案都必须是"无偏差方案"，此后"无偏差方案"的数量进一步增加。例如，"俄亥俄"级核潜艇之前，约10%的图纸被标记为"无偏差"，而在"俄亥俄"级核潜艇的建造中，有约45%的图纸标记为"无偏差"。电船公司在对"无偏差"图纸进行更改前，必须取得海军或者设计方的授权认可。这就大大限制了电船公司在建造中出于其特殊利益，修改方案的可能性，提高了"俄亥俄"级核潜艇与军方用户需求的吻合度，确保其建造质量。

2. 集成产品各方充分参与

船舶建造所涉及的各类设备、装置往往不是由一家单位全盘提供，相关设计人员、制造人员、测试人员也不尽相同。

美国海军在设计建造"弗吉尼亚"级核潜艇时，为实现成本与进度目标，与通用电船分公司首次在潜艇装备项目中使用"集成产品与过程开发"（IPPD）设计方法。与此同时，美国海军和电船分公司决定在"海狼"级核潜艇"多任务平台"独立嵌加舱段的开发和建造中也采用并进一步发展IPPD设计方法。

该方法要求建立"一体化产品小组"（IPT），使装备技术开发人员、后期建造、使用人员相结合，共同优化产品设计，并共同优化从建造到使用的所有关键过程的设计。其目的是减少后续阶段错误，加快项目进度。采用该方法使"多任务平台"独立嵌加舱段的设计与建造过程得以同步进行，减少了图纸更改要求，加快了工作进度。其中，IPT整个团队人员包括电船分公司、一些子承包商、销售商,以及海军人员共约 1300 人。上述潜艇后续验收使用情况表明,该方法确实达到了质量管控的效果。

11.2.2 施工工艺创新

1. 模块化建造

以"俄亥俄"级核潜艇建造为例。该艇是美国海军第一次采用模块化方式建造的核潜艇。以前美国海军核潜艇建造采取的方式是:先建造核潜艇的整体艇壳,然后在艇体某一位置切开表面,把设备吊进去进行安装。而模块化建造方式则是先将艇载系统与艇壳舱段分别建造,当系统建造完成后,推入舱段内的正确位置安装,最后把不同的舱段焊接起来形成整艘核潜艇。

模块化建造方式与以前的建造方式相比,对建造精度控制的要求更高,否则各种设备在总装时难以装配在一起。但是这种方式由于在最后总装环节节省人力和工作量,成本和时间都要少于传统方式。

为保证模块化建造的顺利实施,电船公司采用了如舱段自动焊接、自动舾装等不少新技术,同时建设和完善大型艇体舱段处理设备。这些技术和设备运用于艇体和系统连接、总装、系统测试、下水、海试和交付等各个环节,使"俄亥俄"级的模块化建造、流水线式总装、艇体焊接合拢等达到了前所未有的水准。

同时,为了积累模块化建造的经验,美国海军和电船公司不断完善模块化建造的技术和手段,包括改进肋骨和壳圈自动化建造程序等。在"俄亥俄"级建造进程过半时,形成了"俄亥俄"级模块组合式施工图,其中包括了模块化建造的方方面面,从圆柱体舱室建造、模块配件预先制造、模块预先组装,到最后的装配乃至总装,确保了建造工作的稳定有序。

上述措施,确保了"俄亥俄"级全部核潜艇、共 18 艘的建造时间仅为计划建造时间的 86%。

英国第一艘使用模块化建造方式的潜艇是"机敏"级核潜艇。模块化建造的方式大幅节约了建造时间。采用传统方法建造 3 艘"机敏"级同尺寸潜艇需 1200 万小时工时,而采用模块化建造技术可使"机敏"级核潜艇的建造时间减少 30%,同时也减少了建造成本。

模块化的建造方式简化了系统与设备的安装。以往潜艇动力系统安装需要 2~3 天,而"机敏"级核潜艇只需 5h。而且以往潜艇建造需要在耐压壳体建造完成以后再从舱口向内运送并组装电子设备等其他系统部件,工程难度很大,而采用模块化壳体分成类似"戒指"形状的舱段,提前安装设备,并在最后阶段将各模块焊接在一起,同步安装减振浮筏。

2. 计算机辅助建模

计算机辅助建模也是施工工艺创新的一个重要体现。计算机辅助建模最初是用在"海狼"级核潜艇的建造上,但在"弗吉尼亚"级核潜艇的建造中,才真正大展拳脚。"弗吉尼亚"级核潜艇除了核动力装置等核心设备以及指挥台围壳、海豹突击队出入通道等需要人员交互的设备建造了实物模型外,所有原型系统均由计算机实现。使用的计算机辅助工具包括三维"CATIA Ⅳ 建模软件"和"一体化设计建造系统"软件。"CATIA Ⅳ 建模软件"可对模块化设计/建造进程实施精确控制,多达上百的设计更改均由计算机实现,提高了更改设计的效率,同时仅需要设计主管和建造区域负责小组的负责人即可批准对仿真模拟进行更改,简化了程序,进一步提高了效率。"一体化设计建造系统"软件则是美国海军"核推进计划"所属贝蒂斯原子能实验室为联合协作开发的进程控制软件。电船公司从贝蒂斯实验室获得程序后,进行了某些更改,只要扫描工作包上的条形码,就会知道建造人员资质要求和有关零部件信息,便于有资质的工人从材料分发部门领取零部件。这一软件还能提供客观的质量控制证据。

由于采用了计算机辅助设计,以及在设计中充分考虑建造要求,使得设计与建造的契合度非常高,大大超过以前的核潜艇建造项目,为节约项目总成本做出了巨大贡献。

当然,盲目应用先进技术也未必总是好事。1997年3月,英国的通用-马可尼公司(该公司后被并入BAE系统公司)成为首批3艘"机敏"级核潜艇主承包商。首艇"机敏"号计划2004年下水。英国国防部为"机敏"级项目制定了严格的经费目标与设计指标要求。BAE系统公司希望利用最新的计算机辅助设计系统(CAD)以及模块化分段建造技术,大幅度减少建造成本,以实现英国国防部要求的经费与设计指标。"机敏"号1999年10月切割第一块钢板,2001年2月铺设龙骨正式开工建造。但是,BAE系统公司对所选用的计算机辅助设计工具不够了解,使潜艇细节设计出现问题,项目停滞,建造进度严重推迟,成本超支。"机敏"级项目面临巨大危机。

后期英国国防部修改了合同并加强了项目管理,BAE系统公司也更换了项目主管,顺畅了与军方的协调渠道,加强了主承包商与分承包商的配合,并请美国通用动力公司的潜艇设计专家对"机敏"级核潜艇实施全面设计审查,在设计方面提供技术支持,并在计算机辅助设计方面提供帮助。2004年11月,BAE系统公司宣布"机敏"级项目重回正轨。

3. 改善基础设施

建造技术和工业能力的提升无法快速完成,但是建造基础设施的改善却可以在短时间内取得较好的质量控制效果。

例如,为提高"俄亥俄"级超大舱段处理能力,电船公司建造了新的工厂用于建造潜艇骨架和艇体舱段,并修建了板房车间,目的是尽可能地在车间内完成大部分艇体分段的建造工作。通过对比可以发现,在车间内1h能够完成的工作,在岸边的湿船坞中则需要3h,而在水中完成则需要8h。

为提高总装阶段的工作效率,电船公司在船坞内修建了一个新的岸基建造设施。在该设施内,新型潜艇艇体分段可以被卸载下来,滚动推进到一个带有顶篷的建筑内进行焊接和总装,使得天气情况不再对工作产生影响。

电船公司还建造了一个当时独一无二的水平方式下水浮动码头(图11-4),使建造完成的潜艇可以水平下水,以前潜艇建造和下水都是采用倾斜方式。

上述措施都极大地提高了"俄亥俄"级核潜艇的建造效率。

图 11-4 "俄亥俄"级核潜艇消磁作业

11.2.3 加强全程监管

1. 三方验收监督

美军潜艇建造中,有三方对质量、进度等情况进行监督。第一是海军,美国海军项目办公室主任通过本地"舰船监造官"对建造工作进行监督,这类似我国的"军代表"制度;其次是电船公司,对核潜艇的建造质量、成本、进度进行监督;最后是艇员,在核潜艇系统的最后总装认证、接收、舰载系统测试中起到关键监督作用。

尤其值得一提的是,在建造过程中,各方均以确保质量为第一要务,电船公司不推卸责任,积极配合海军检查,完善质量。如"俄亥俄"潜艇在 1979 年首艇检查中曾发现存在使用不合格钢材的问题,电船公司对 1970—1979 年间的全部钢材采购单进行追溯检查,发现有 12% 的不合格钢材,并对首艇"俄亥俄"号上需要用到钢材的 126000 个部位进行了全面检查,最终确定仅有约 50lb(22.7kg)重的 41 片钢材不合格,进行了重新更换。

严格的措施、认真严肃的态度,确保了"俄亥俄"核潜艇的建造质量。

2. 人员声学培训

在强化声学质量监管方面,法国的做法也同样值得借鉴。虽然法国的第一代核潜艇上已经部分地解决了潜艇降噪问题,但是,"凯旋"级作为新一代的弹道导弹核潜艇,对降噪指标的要求更为严格。为了满足有关方面对噪声的要求,法国海军组织有关部门和人员对"凯旋"级核潜艇的降噪技术开展了广泛、深入研究。为此,法国在土伦专门成立了舰船降噪研究中心,在巴黎设立了负责降噪方面的特设机构。有关的技术人员从多方面着手,研究、试验并制定新的降噪技术标准。担任"凯旋"级核潜艇建造任务的瑟堡海军造船厂,其具体任务是降低艇上设备向艇体传递的噪声以及降低艇上各种重大设备的运行噪声。在"凯旋"级核潜艇的建造过程中,法国有关部门特地组织了多次有关降噪技术的在职培训,参加培训的有工程师、设计师、机械师以及现场的安装工人等,先后共有2500多人接受过降噪技术的培训,"降噪第一"成为"凯旋"级核潜艇建造时期的一个口号,已经达到深入人心的程度[2]。

首艇"凯旋"号核潜艇的第一块钢板于1986年10月31日开始切割,整个建造工作持续了将近7年时间,于1993年7月13日下水。在"凯旋"号核潜艇的建造过程中,技术人员共绘制和编写了10万份图纸和资料。"凯旋"号核潜艇上装备了75000种设备、300km长的电缆和50km长的管道[2]。得益于严格的声学质量管理措施,据国外一些资料介绍说,"凯旋"级核潜艇的安静性,比美国"俄亥俄"级核潜艇还要好。

11.3 船舶声学测试技术

开展针对船舶声学性能的试验和测量,是船舶声学质量验收、声学性能摸底的主要手段和关键环节。舱室空气噪声、水下辐射噪声、设备机脚振动等,都可能是船舶声学测试所关心的参数指标。螺旋桨临界转速等虽然不是声学参数,但与船舶噪声密切相关,所以也往往被纳入船舶声学测试的范畴之中。

11.3.1 测试项目

1. 航行状态声学测量

1)匀速(稳态)航行工况

测量船舶在不同水深条件下主轴不同转速航行时的噪声、振动(含轴系)特性,从某确定转速开始,每间隔一定转速为一个工况,一般情况下,稳态工况测试数目在10~15个。

2)滑行工况

滑行工况分为停车滑行和脱桨滑行两种类型,通过测量两种工况下船舶的振动、噪声特性,和主动力工况进行对比,用于分析、定位船舶噪声源特性。

3)瞬态航行工况

瞬态航行工况振动噪声测量是指在某个稳态航行工况基础上,航行过程中,通过开启某些设备,测量此时辐射噪声变化,用于衡量对应设备开启对辐射噪声变化的影响,指导作战使用。

4)定深直航螺旋桨临界转速测量

船舶主轴转速从最低稳定转速逐渐向高转速变化,在此过程中,测量船舶的螺旋桨临界转速。

2. 系泊状态声学测量

与航行状态声学测量不同,系泊状态声学测量是分别在船舶左舷靠码头和右舷靠码头的情况下,测量船舶机械设备单机和单系统运行时的振动噪声特性。

11.3.2 测试要求

1. 对参试船舶要求

(1) 参试船舶各系统、设备工作正常,机电设备、螺旋桨、船体处于完好状态,可以满足试验工况的要求;

(2) 测试前,对被测船进行总体状态、设备状态及系统声学拉网检查,试验前应进行现场勘验,排除可能引起异常噪声的各种因素,如紧固管路马脚、可拆板、活动门等;

(3) 在航行工况噪声测试前,被测船安装测距设备,根据需要在舷外重点部位成对加装自噪声水听器和振动传感器;

(4) 在振动噪声测试前,需在舱内机械设备、管路、推力轴承、船体等部位安装振动传感器,在轴系附近安装转速仪,需实时记录计程仪的输出信号;

(5) 在码头系泊状态下,需左右两舷分别停靠进行试验;

(6) 每日在进行航行试验前,需在水面状态进行测量系统的时钟校准;

(7) 测量时被测船按规定要求开启机械设备,不能随意改变机械状态,并停止其他影响测量的一切无关活动,包括人员走动等,航行试验经过测量区时尽量不打舵。

2. 对试验海区要求

1) 辐射噪声码头系泊试验

(1) 码头水深大于10m(根据实际船舶吃水深度确定)、流速小于1kn、泥沙底,有较宽水域的僻静港湾;

(2) 港内风浪较小,背景噪声以满足信噪比要求为主,一般情况下总声级信噪比大于6dB,低噪声工况信噪比大于3dB;

(3) 码头配备一艘用于布放辐射噪声测量水听器的小橡皮艇或其他小船。

2) 辐射噪声航行试验

(1) 试验应选择在远离港湾、航道的宽阔海域,被测船舶有充足的机动范围,海区水深大于50m,海底平坦且为泥沙底质,7n mile内无渔船和其他机动船只干扰[3];

(2) 海况不超过3级,流速不大于1.5kn,流向稳定;

(3) 海洋环境背景噪声以满足信噪比要求为主,一般情况下总声级信噪比大于6dB,低噪声工况信噪比大于3dB。

3. 对测量船及测量系统要求

1) 对测量船要求

(1) 具有雷达、卫星定位、AIS等导航仪器以及各种通信设备;

(2) 船上有低噪声电源向试验室供电,供测量系统使用;

(3) 在测量期间,测量船停止一切非必需的机械设备运转,禁止影响噪声测量的一切活动;

(4) 船上有较大的甲板面积以存放测量系统,有起吊机械、绞车、卷扬装置等,用以布放和回收水下系统[4]。

2) 对测量系统要求

(1) 对各项目测量系统中使用的传感器及采集器等设备需经具有资质的单位校准,且均在有效期内使用;

(2) 对各项目测量系统中如导航信标、海流计等辅助测试设备应调试工作正常,满足测量要求。

11.3.3 测试设备

1. 测量水听器

测量水听器用于测量水中声压信号,简称水听器(图 11 - 5)。需求不同,水听器的布放方式也不一样,可以是单个水听器,也可以是多个水听器组成的线阵。

图 11 - 5 国产 HA8106 型水听器

水听器在换能原理、构造、作用原理以及特性等方面存在不同。通常所指水听器是按其换能原理来分类的,包括压阻型水听器、压电型水听器、磁致伸缩型水听器、光纤型水听器等多种类型。

接收灵敏度是水听器重要指标之一,高灵敏度能带来更高的信噪比,更远的探测、通信距离。提高水听器灵敏度主要有两种途径,第一种途径是采用新材料、新机理。每一次功能材料的进步都会给水听器的某些性能带来显著提升。目前,常见的水听器功能材料有压电陶瓷、PVDF 薄膜、压电复合材料、光纤、磁致伸缩材料和弛豫铁电单晶等。其中工艺最成熟的、应用最广泛的水听器是压电陶瓷水听器,它是由压电陶瓷片组成的,压电陶瓷具有响应平坦、耐高压、性能稳定、一致性好、成本低廉等优点[5]。提高水听器灵敏度的另一种途径是设计新的换能器结构。基本的水听器结构按其功能材料的形状有圆柱、薄片、圆柱壳、空心圆球等几种,其接收灵敏度基本决定于几何尺寸。另有多种附加结构可用来提高灵敏度,例如复合棒式水听器利用面积较大的前辐射盖板增加接收面积来提高灵敏度。

2. 加速度计

加速度计用于测量振动加速度信号(图 11 - 6)。理论上位移、速度和加速度三个量中的任一个量均可用作振动参量。但在研究振动与船舶噪声关系时,往往选择加速度作为振动参量。

一般而言,在船上安装振动传感器比安装水听器方便得多。为满足数据处理的需要,在可能是噪声源的机械设备、螺旋桨附近以及船壳上相对应的适当位置,均应安装振动传感器作为测点,并应尽可能增加测点的数量。

加速度计由检测质量、支承、电位器、弹簧、阻尼器和壳体组成[6]。目前应用最广泛的加速度计是压电加速度计,因为它具有灵敏度高、频率响应好、动态范围广,以及体积

图 11-6　国产 CAYD283V-10 型振动加速度计

小、质量轻等优点。

3. 其他传感器

除了最常用的水听器、加速度计外,还有传声器、矢量传感器也较为常见。传声器用于测量空气噪声,而矢量传感器则用于测量声场中的质点速度。

此外,为了准确地知道布放在海水中的水听器的深度,在水听器附近配置有深度传感器和相应的电子仪表,测量、记录和处理深度信号。

11.3.4　测试场

除了采用码头系泊测量和航行状态测量外,对于潜艇等对噪声要求较高的特殊船舶,还有一种海上固定测试场专门用于低噪声测试。发达国家一般都建有固定式声学试验场,测量条件好,潜艇机动配合方便,试验效率高,测量结果的可比性强。

固定式测试方式以美国最为典型,其早期可全面测试潜艇噪声的专用试验场是位于加勒比海海域"美国海军水下武器试验及评估大西洋中心"的一部分,该试验场 1967 年投入使用。后期,由于航运量增加,使得加勒比海海域环境噪声级增大,并且由于新型潜艇的噪声级降低,导致该试验场不能满足对新型潜艇噪声测试的要求。随后,美国花费了近 10 年研究其沿海噪声,寻找安静的海域,终于在阿拉斯加东南部找到了一个理想的地方,建立了新的试验场,将原试验场从加勒比海海域迁移到阿拉斯加沿岸,新试验场 1991 年投入使用,工程总造价约 2 亿美元[7]。

图 11-7 为美国阿拉斯加水下航行固定试验场。该试验场中,在海底固定布放直线阵声学测试系统、导航系统、测距定位系统以及相应辅助系统。测试时,被测潜艇在垂直线阵组成的框中往返通过(图 11-8),水听器测得的噪声信号通过光纤传输到陆上试验站进行处理。垂直水听器阵布置在 120m 左右的水下,可以有效避免降雨及海面波浪的影响,大大提高了测试效率,最终可实现对潜艇声隐身性能的总体评价以及机械、螺旋桨等不同性质噪声的定量分离[7]。

图 11-7　美国阿拉斯加水下航行固定试验场

第 11 章　声学设计、建造与测试

图 11-8　静态试验站水下视图

除此以外,英国皇家海军在苏格兰海湾 Scotishlochs 建立了声学试验场。俄罗斯在远东和北海以及波罗的海等都有固定的大型综合试验场[8]。德国、挪威、荷兰等国也在挪威卑尔根附近的赫德尔峡湾建设了一座固定水声试验场(图 11-9)。

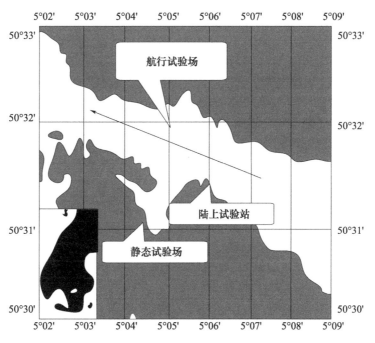

图 11-9　静态试验场、航行试验场位置示意图(挪威)

静态试验场主要用于对处于系泊状态的潜艇进行单机设备的噪声测试任务。航行试验场用于对以各种速度和深度航行的潜艇和各种水面舰船进行水下辐射噪声的测试工作。陆上试验站配有雷达、通信设施及各种分析设备,负责对测试任务的指挥、实施及处理等工作[9]。

习 题

1. 简述船舶声学设计的基本原则。
2. 简述船舶航行及系泊两种状态下的声学测量项目。

参考文献

[1] 程果,何琳,王迎春,等. 船舶降噪工程技术集成优化方法[J]. 国防科技大学学报,2019,41(06):88-93.

[2] 齐耀久. 法国"胜利"级弹道导弹核潜艇[J]. 现代舰船,2004(01):27-28.

[3] 王玉昆. 水下目标导航系统的研制[D]. 哈尔滨:哈尔滨工程大学,2009.

[4] 刘宁. 典型潜艇水下辐射噪声空间分布特性测试与分析技术研究[D]. 哈尔滨:哈尔滨工程大学,2006.

[5] 李世平,莫喜平,潘耀宗,等. 液腔耦合高灵敏度压电陶瓷水听器[J]. 声学学报,2017,42(06):729-736.

[6] 张丽平. 基于GPS/DR组合定位系统的数据融合方法研究[D]. 沈阳:沈阳理工大学,2015.

[7] 邱卫海,刘文帅,王秀波. 国外舰船噪声测试技术[J]. 舰船科学技术,2011,33(04):147-150.

[8] 刘彦琼. 基于阵聚焦的水下运动目标通过特性研究[D]. 哈尔滨:哈尔滨工程大学,2012.

[9] 刘兴章,陈涛. 挪威海格纳斯潜艇水声试验场测量设施分析[J]. 噪声与振动控制,2011,31(05):161-164.